翻糖蛋糕与甜品台设计

The Most Beautiful Fondant Cakes & Dessert Bar

Sissi／著

化学工业出版社
·北京·

内容简介

在制作翻糖蛋糕的时候，你有没有为该如何装饰手中的作品而感到苦恼？有了创作的灵感，却因为对甜品台的整体布置不熟悉而不知道如何搭配？

近几年来，中国一二线城市的中高端婚礼、宝宝宴会以及各式商务宴会中越来越多地出现翻糖蛋糕和甜品台，这对烘焙师提出了更高的艺术和技术要求。本书从翻糖蛋糕的设计与制作入手，手把手教你做出最适合客户的蛋糕，在此基础上延伸设计思路，搭配出整体的甜品台设计。全书不仅包含15个风格和主题迥异的甜品台案例，更为甜品师们整理出了系统的接单流程，包括与客户的沟通及设计推进等细节。除此以外还配有附录，指导甜品师们如何学习国际最新的制作技巧、参与国际竞赛等。

本书是一本能让你成为一流甜品台设计师的超实用指南！

图书在版编目（CIP）数据

翻糖蛋糕与甜品台设计 / Sissi 著. -- 北京：化学工业出版社，2022.9

ISBN 978-7-122-41504-2

Ⅰ. ①翻… Ⅱ. ①S… Ⅲ. ①蛋糕—造型设计 Ⅳ. ①TS213.23

中国版本图书馆 CIP 数据核字（2022）第 086203 号

责任编辑：孙梅戈　　文字编辑：刘　璐
责任校对：王　静　　装帧设计：对白设计

出版发行：化学工业出版社（北京市东城区青年湖南街 13 号　邮政编码 100011）
印　　装：北京华联印刷有限公司
787mm×1092mm　1/16　印张 14　字数 200 千字　2022 年 9 月北京第 1 版第 1 次印刷

购书咨询：010-64518888　　售后服务：010-64518899
网　　址：http://www.cip.com.cn
凡购买本书，如有缺损质量问题，本社销售中心负责调换。

定　　价：98.00 元

离我的第一本书《爱的魔法盛宴：甜品台的设计美学》出版已经两年了，离我做出第一个翻糖蛋糕也已经十年了。

这十年来，我看着翻糖蛋糕艺术在国内兴起，从学习国外的技术，模仿西方的设计，到发展出自己的完整教学体系，探索出更多的蛋糕表现形式，我们取得了非常值得骄傲的成绩，这个成绩要感谢行业里每一位从业者，我们的努力让翻糖蛋糕从一个彻底的新生事物，变成了中高端婚礼的标配，也让消费者以更加合理的价格获得了更好的服务和产品。

随着定制婚礼的兴起，甜品台艺术在2012年到2018年有一个井喷式的发展期，于是在两年前，我总结分享了自己对甜品台设计思路的理解，怎么样给一个产品赋予更多的定制特质，怎么样用蛋糕去表述一个故事，怎么样通过创造来提高竞争力。又一个两年过去，我们遇到了前所未有的困难，整个婚礼行业因为疫情而停摆，但也正是因为这个契机，我终于有时间去沉淀与总结，于是有了疫情期间的线上美学训练营。在这个二十天的课程中，我总结了蛋糕设计

的美学规律，深入分析了蛋糕设计的结构、色彩、质感、图案等基础知识，从更本质的层面拆解了蛋糕设计的方法，让没有设计美术背景的同学，也可以通过“公式”来进行蛋糕的创作。

婚礼市场上作品的同质化趋势让设计能力变得越来越重要，模仿是条简单的路，但捷径并不总是通向胜利，只有极具个人风格与设计特色的作品才能被越来越注重品牌价值的消费者记住——你的作品即是你本人的延伸，而设计是让糖和面粉变成艺术的魔法。

“做喜欢的事情会闪闪发光”，这是我写在第一本书序言里的话，后来好多同学都跟我提起这句话是怎样鼓舞激励他们走上了这条道路。这么多年过去，我仍然觉得人生最大的幸福是能找到自己真正的热爱所在。于我而言，研究美与创造美这件事永远都不会令我厌倦，希望看到这里的你们也一样，拥有热爱美、创造美的美好生活。

Sissi

目录 CONTENTS

01 第1章 翻糖蛋糕的设计与制作

02 第2章 甜品台的设计

03 第3章 十五个甜品台与蛋糕案例赏析

第1章

翻糖蛋糕的设计与制作

CHAPTER 1

蛋糕结构解析

翻糖蛋糕是一种工艺性很强的蛋糕，因为以翻糖（fondant）代替了鲜奶油，可以搭配更多的装饰，可塑性更强，保存的时间也更长。也正是因着这种特性，翻糖蛋糕更多的成为甜品台上的主蛋糕，与纸杯蛋糕、饼干塔、马卡龙、棒棒糖蛋糕、布丁等一起组成一场视觉与味觉的盛宴，受到了大家的欢迎。如今，无论是婚礼、生日宴、商务派对、团建活动等，定制摆设一台甜品台来烘托气氛再平常不过了。

把蛋糕结构放在第一节的原因是，比起蛋糕的细节，蛋糕结构是人们第一眼就会看到的东西，也就是我们常常说的整体印象。只有第一印象好了，我们的作品才有了吸引人眼球的基础。并且，出色的结构也能让人忽略细节的不足，起到事半功倍的效果。蛋糕结构就好比一个房子的地基与框架，不同的形状构成决定了蛋糕的风格与属性，所以当我们开始设计一个蛋糕的时候，第一件事情，就是结构的搭建。

根据多年设计蛋糕的经验，我把蛋糕结构划分为三种，分别是传统型结构、创新型结构以及特殊形态，它们分别适用于不同的场景与风格，接下来我们进行分类讲解。

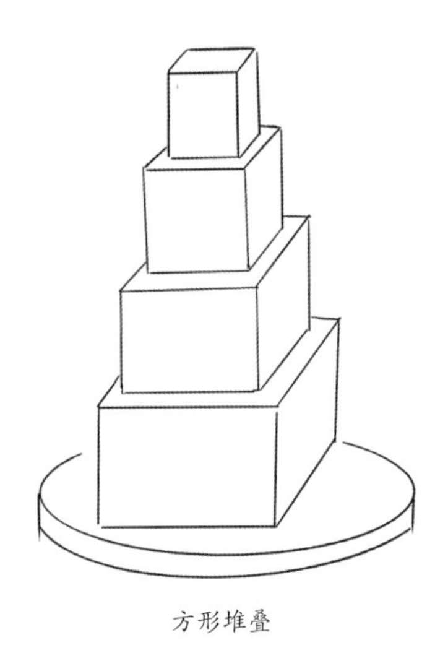

方形堆叠

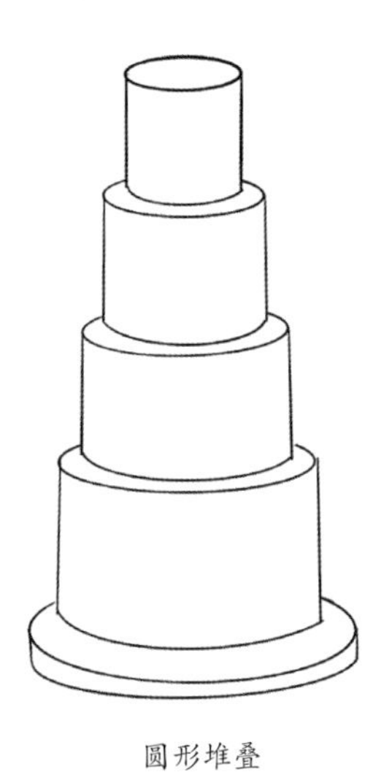

圆形堆叠

英国查尔斯王子与戴安娜王妃的婚礼蛋糕

威廉王子和凯特王妃的婚礼蛋糕

❶ — 传统型蛋糕结构

传统型蛋糕结构是翻糖蛋糕最原始的形态，现在也常见于西方的婚礼，但在中国，随着主题性定制婚礼的发展，传统型蛋糕结构的适用范围变得比较狭窄，主要出现在风格清新自然的户外婚礼，或者是有大气端庄气质的巨型豪华婚礼上。

传统型蛋糕形态由规律的几何图形堆叠而成，从上到下由小到大，中轴线垂直于平面。

结构特色 优雅、大气、庄重、简约、温馨。

结构不足 在设计感和故事性比较强的场景里，容易显得沉闷与单调。

②——创新型蛋糕结构

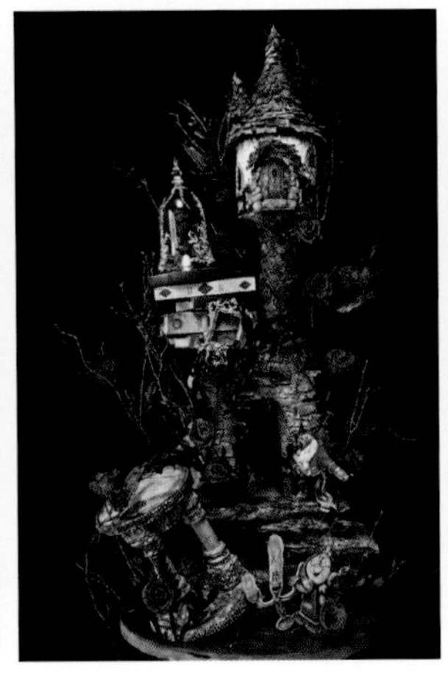

创新型蛋糕结构，包含形态上的创新与结构上的创新。

形态上的创新指的是每一层蛋糕的形状脱离了基础的圆或方的几何形态，有了更多生动的变化，比如欧式蛋糕中的拱门和尖顶，星空蛋糕中的星星和月亮。

这组星空蛋糕既包括形态创新，也包括结构创新。除了形态上的变化，
蛋糕组建结构也偏离了传统

结构上的创新则是指每一层蛋糕体之间搭建方式的创新，不同于传统型蛋糕自上而下由小到大，中轴垂直的规则搭建，在创新型结构中，每一层蛋糕体可能会以倾斜或者是折线的方式进行构建，并且打破规律的大小渐进分布规则。

每一层蛋糕体按照折线分布而不是垂直上升

③——特殊形态

特殊形态蛋糕比创新型蛋糕结构又进了一步。如果说传统型蛋糕的“蛋糕感”是100%——一眼看过去就知道是蛋糕，创新型蛋糕的“蛋糕感”是60%——需要思考一下才能确定它是蛋糕，那么特殊形态蛋糕则是0%的“蛋糕感”了——让人完全看不出来这是一个蛋糕。

宫灯造型的蛋糕

特殊形态蛋糕所追求的是彻底融入周围的布景和环境中，直接成为主题婚礼中一个由蛋糕塑造成的意象道具。从整体的形状到细节都力求刻画真实，特殊形态蛋糕的存在让甜品台更有趣味性，故事感十足，常常是让人眼前一亮的惊奇元素。

在同一个甜品台上，几种蛋糕结构类型应该如何搭配呢？

一般来说，我们可以采取“创新结构+传统结构”的组合、“创新结构+创新结构”的组合、“传统结构+传统结构”的组合、“创新结构+特殊形态”的组合。但“特殊形态+传统结构”的组合应该避免，原因是两种风格差距过大，放在一起会有较大的不协调感。也应该避免“特殊形态+特殊形态”的组合，这样的组合会因为完全缺少蛋糕形态，导致甜品台上没有一个明确的视觉中心点，进而影响整体的层次美感。

伪装成树干的蛋糕

Guan

“传统结构 + 传统结构”组合

“创新结构 + 特殊形态”组合

“创新结构 + 创新结构”组合

“创新结构 + 传统结构 + 特殊形态”组合

蛋糕色彩解析

1 色彩与情感表达

关于色彩最重要的一个逻辑是：颜色从来不仅仅是颜色，更重要的是这个颜色带给人的感受以及它赋予作品的风格。由于翻糖蛋糕的庆祝与纪念性质，我们售卖的不仅仅是产品本身，更重要的是满足客人的情感需求。因此把握好色彩与情感的表达，是非常重要的能力。

同样造型的蛋糕，如果用不同的配色，或者相同的配色但不同的比例，都会带给人截然不同的感受，色彩是除了蛋糕结构以外第二重要的元素，决定了最终的效果。

蛋糕设计中会运用到的色彩类型主要有两大类：对比型配色和类似型配色。

这个分类并不是严格意义上的色彩学分类，只是笔者根据以往经验进行的实用层面上的分类，基本上日常的订单都可以被这两种类型所概括，当然其中也有重合的情况，总而言之，这个分类是帮助大家理解色彩影响风格的方式。

2020 年美学训练营中学员的色彩作业

(1) 对比型配色

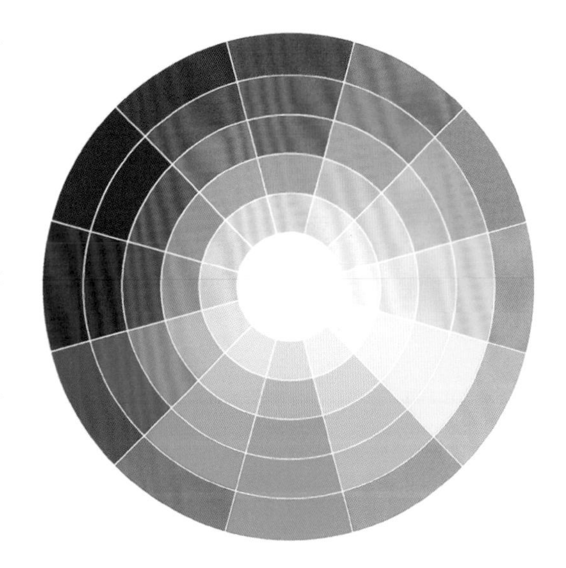

观察右边这张图，试着猜一下哪些是对比型配色。

一般来说，对比型配色在色谱中呈对角线分布。比如黄色和紫色，橙色和蓝色，红色和绿色。那么，当这样的配色出现在蛋糕上的时候，会带给人什么样的感觉呢？

- 视觉冲击力
- 侵略性的美

当我们使用对比型配色来制作蛋糕时，蛋糕也会更加有活力，它是一种张扬而具有生命力的色彩运用，带给人更加强烈的情绪体验。

(2) 类似型配色

类似型配色分为两种：一种是在色谱中邻近的色彩，比如紫色和蓝色，黄色和橙色；另外一种类似型的配色是同一个色彩的不同色度。

绿色的不同色度

类似型配色带来更加沉稳，也更加优雅的美。类似型配色的蛋糕不是第一时间抢夺你注意力的明艳美，但它绝对经得起长时间的凝视，是一种不会让人产生疲劳的美。

接下来我们看一组例子。

以上两组蛋糕，都是我们根据不同的美术作品来设计的，那么其中哪一组是对比型配色，哪一组是类似型配色呢？

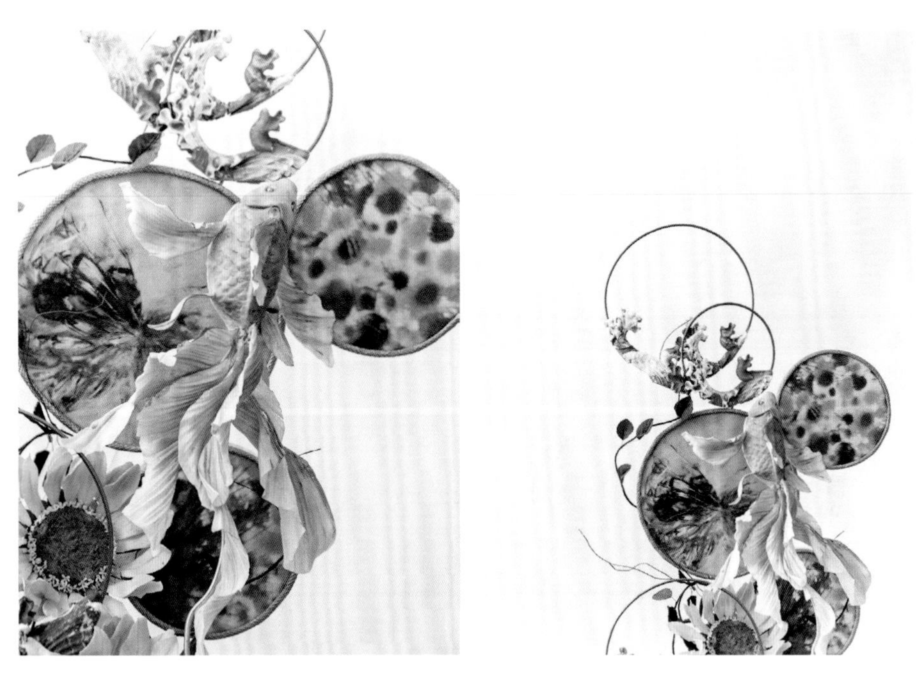

第一组蛋糕明快而张扬，是具有冲击力的美

第二组蛋糕温和柔美，带给人静谧的感受

可以看出，对比型配色的蛋糕给人更有冲击力的美，活泼、张扬、明亮；而类似型配色的蛋糕则带来更加柔和的美，温柔、静谧、冷静。

除此之外，我们还需要了解不同的色彩带给人的不同情感体验。

红色
RED

热烈、积极向上、喜庆与好运

橙色
ORANGE

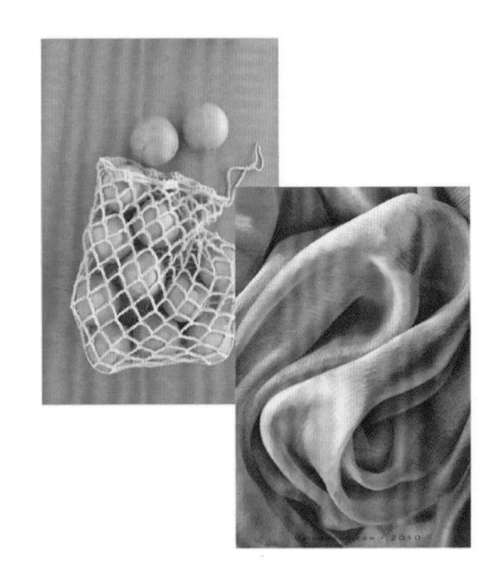

欢快、明亮、健康、温暖、欢乐、易打动人

黄色
YELLOW

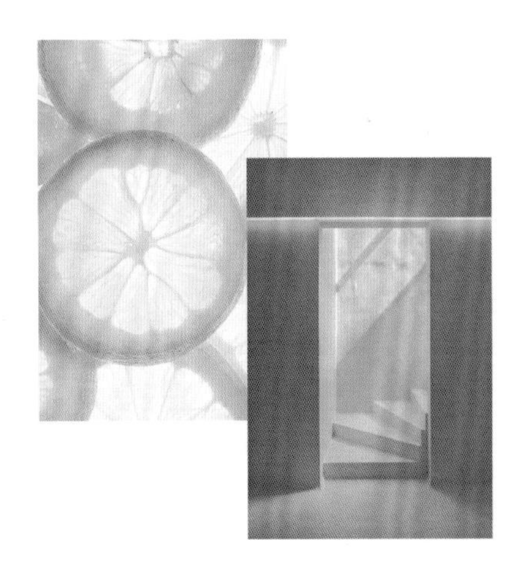

希望、活力、轻快、高可见度

紫色
PURPLE

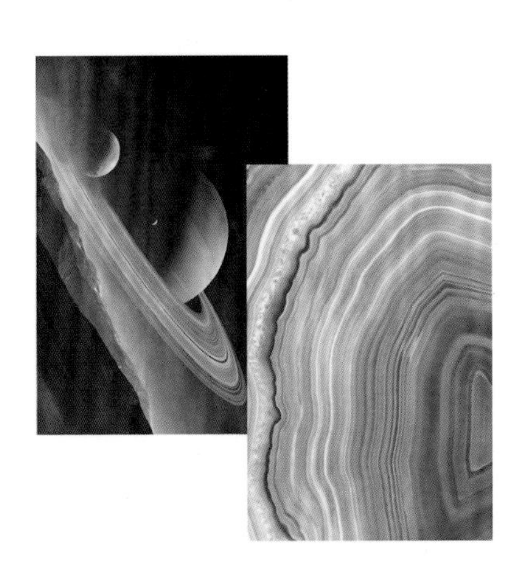

高贵、奢华、优雅、魅力、神秘

蓝色

BLUE

宁静、宽容、悲伤、忧郁

绿色

GREEN

自然、健康、活力、好运、大自然

灰色是中性色，与鲜艳的暖色相邻时会显得冷静与沉稳，与冷色相邻时则变为暖灰色。

在了解了色彩所带有的情绪属性后，我们在制作蛋糕时，除了注意色彩的美观性，更要注意它带给人的情感体验。色彩要和客户使用蛋糕时的情境结合起来，创造出最适合的搭配，让我们制作的蛋糕不仅仅是食物，也能成为人们回忆中不可缺少的一种美好体验。

如果从来没有学过美术，对色彩没有很大的把握，这个时候可以先参考一些配色范例，等经验更丰富后再自由创作。

灰色

GREY

用来参考配色的色谱

②—婚礼甜品台的色彩搭配

在大家的印象里，婚礼甜品台的配色好像是比蛋糕配色更加复杂的一个问题，很多蛋糕师在刚入行时都会非常担心，不知道该怎么设计。但其实每一场婚礼都会有婚礼策划师规定好的主题，而这个主题里除了婚礼的风格、元素以外，还会有具体的颜色，也就是说，你需要做的是把既定的颜色利用起来。一方面看来，这样的确被限制了创造，没有太多配色上的发挥空间，但从另一方面看来，也为头疼于色彩搭配的蛋糕师提供了一个基础，不需要从零开始。

TIPS

婚礼甜品台配色：不需要创造，应注意比例搭配问题。

虽然色彩搭配的范围已经由婚礼策划师给出了框架，但色彩的比例仍然需要我们自己去把握。早期我们曾经做过一场宝蓝和香槟配色的婚礼，由于和策划师沟通不足，我们把宝蓝色作为主色调在蛋糕上进行了大面积的应用，到现场后才发现现场的背景色是香槟色，而浓烈的宝蓝色只是零星的点缀，于是三座宝蓝色的蛋糕就突兀地出现在了整体色调非常柔和的场景里，从那一次开始我们在和策划师的前期沟通中都会非常注意色彩比例的问题，避免再次犯同样的错误。

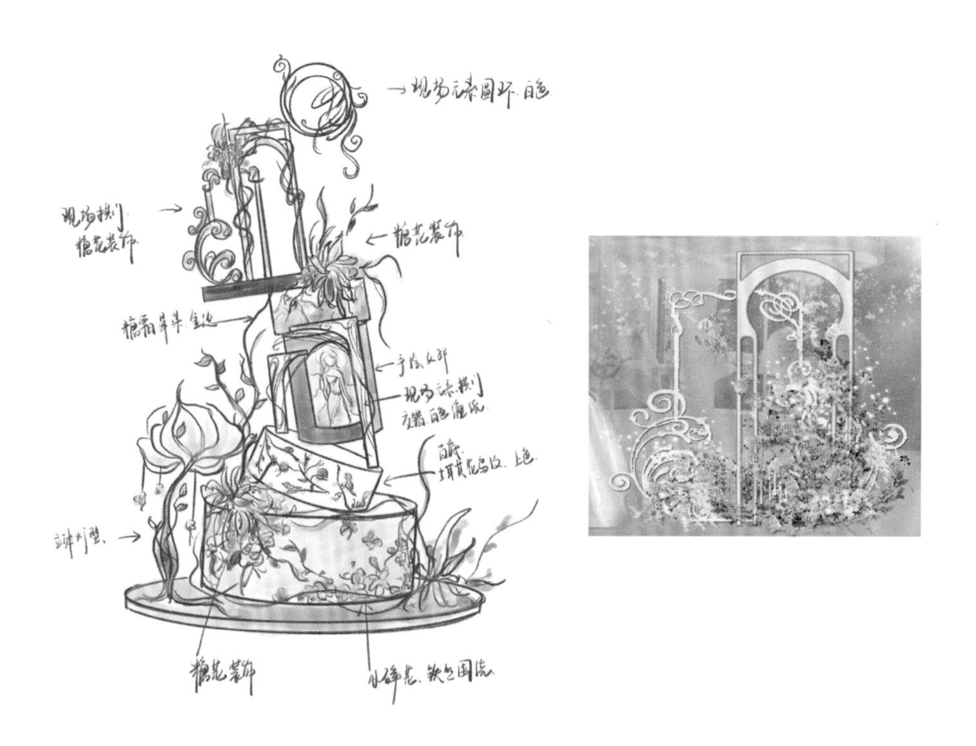

慕夏主题的设计稿与蛋糕成品

蛋糕纹理解析

翻糖蛋糕一直以来的一大特点是表面平滑均匀，呈现出精致的效果。直到Jasmine Rae老师新作品的出现，大家才意识到可以通过对各种材质的运用，或者只是利用翻糖本身的不同状态，打造出特别的蛋糕纹理。

在传统的蛋糕装饰技巧里，无论是糖霜还是翻糖，大家一直以来追求的都是光滑完美的表面，毫无瑕疵的外表才是值得被称赞的。但是随着设计感与做旧复古风的流行，从前的完美开始显得无趣，而质感的多样性开始显现出来，通过改变蛋糕的质感和纹理，蛋糕师能创造出更加满意的作品。

2018年我赴英国向Jasmine老师学习

Jasmine 老师的作品

❶ 蛋糕纹理的分类

一般来说，蛋糕表面的纹理和质感可以分为以下几大类。

（1）菱格纹

菱格纹是比较入门和常用的一种蛋糕纹理，适用于大多数风格的蛋糕。一般来说由手工切割完成，在蛋糕表面呈现出整齐的网格状。在糖皮厚度不同时也会有不同的效果，薄时格纹纤细秀气，厚时格纹华丽抢眼。

（2）模具粘贴

使用模具是最容易在蛋糕表面创造纹理的方法之一，我们可以根据蛋糕的主题和风格来确定模具的款式，制造蛋糕表面纹理的凸起。不同的模具会带来不同风格的纹理，简单快捷，让新手也能迅速做出精美的蛋糕。

（3）图案拼贴

图案拼贴和模具粘贴类似，也是将特定的形状粘贴到蛋糕上，创造出蛋糕表面的纹理。图案拼贴一般适用于特殊定制的主题，由手工切割完成。

（4）褶皱

褶皱有很多种形态，左图是漩涡型褶皱，还有流线型、花瓣型、布料型、波浪型等，原理都是通过大量相同形态的重复创造出整体的立体感。褶皱纹理也是在蛋糕纹理中常见的类型，虽然是重复的制作，但想要达到精细的程度却并不容易，在蛋糕装饰比赛中是评委青睐的加分项。

（5）金箔装饰

金箔装饰可以分为全贴和半贴。全贴是蛋糕的一整层都贴上金箔，左图示例的是半贴，在蛋糕上呈现出撕裂状的不规则图案，比起全贴的豪华贵气效果，半贴金箔呈现出更加文艺而精致的风格。

（6）颗粒粘贴

颗粒粘贴随着颗粒的大小与形状的不同会有不同的效果。将闪亮的、珠光的、大颗的、细碎的颗粒粘贴到蛋糕上后会使蛋糕形成截然不同的风格，绝大多数情况下是一整层粘贴装饰。

（7）糖霜刺绣

糖霜刺绣顾名思义，就是用状态合适的糖霜模仿针尖的笔触，在蛋糕上细密地画出特定的图案。比起平面的手绘，糖霜刺绣有很强的纹理感和立体感，但对手法的要求较高，不管是每一道线的力度还是对色彩变化的把握都很需要功底。

（8）糖霜刷秀

糖霜刷秀和糖霜刺绣一样，也是利用糖霜在蛋糕上绘制出纹理和图案，但糖霜刷秀对技巧的要求相对较低，新手也可以迅速掌握。一般来说刷秀都是单色进行，相比较刺绣效果的浓烈，刷秀更为雅致。

（9）糖霜花纹

糖霜花纹是第三种用糖霜在蛋糕上改变纹理的技法，和刺绣与刷秀的区别在于，糖霜花纹主要是利用现有的糖霜刮板作为图案模具，因此操作更加简单，与此同时图案效果也更加整齐而精致。缺点在于它的使用面积和大小以及形状都受到模具的限制。

（10）糖霜（黄油霜）绘画涂抹

糖霜或者黄油霜可以在蛋糕表面制造出特别的纹理效果，叠加涂抹后会有丰富的质感，有些主题常常会用到这种技巧，比如星空或者海洋。

TIPS

假体蛋糕一般使用糖霜，真体蛋糕一般使用黄油霜，前者口感较差但利于定型，后者口感较好但对存放环境要求高。

（11）糖蕾丝纹理

糖蕾丝技巧是利用模具制作出非常精美的花纹，并且具有很好的延展性，可以粘贴到蛋糕的各个部分进行装饰。和糖霜花纹技巧相同，糖蕾丝也受限于已有模具的形态，无法自由创作出想要的图案。但总体来说，糖蕾丝是一个新手也可以掌握的制作出精致图案纹理的技巧。

（12）结晶糖

结晶糖是一种制作简单但效果出彩的蛋糕纹理装饰手法，能带来闪亮的局部效果，颜色也可以根据蛋糕的色系进行搭配。和翻糖不透明的厚重材质相比，晶莹闪烁的结晶糖会使蛋糕更加灵动，是非常好的表达质感的方法。

（13）翻糖效果

利用翻糖的状态而创造出不同的质感，这个就是Jasmine老师擅长利用的翻糖本身的表面纹路效果，一般用在复古做旧或者是设计感与艺术感比较强的主题蛋糕上。但这样的风格局限也比较多，通常只有户外的小众婚礼使用。

②——蛋糕纹理的作用

Kek Couture 大师的作品

土耳其蛋糕设计师Kek Couture把纹理的装饰效果发挥到了极致，几乎在蛋糕的每一层都使用了不同的纹理手法，甚至在同一层都会使用多种纹理质感的表现手法。那么，丰富的纹理对蛋糕美感的提升有什么作用呢？

纹理代表着装饰感，同一个蛋糕中纹理的种类越多，就会带来越精致的整体效果。

- 纹理＝精致感＝被雕琢的美
- 空白＝简陋＝未完成感

既然更多的纹理代表着更精致的效果，那是不是纹理的面积越大，种类越多就越好呢？

在实际应用中，具体使用多少种类的纹理，与蛋糕本身的风格和现场的布置有着很大的关系。

从目前国内婚礼装饰蛋糕的使用趋势来看，装饰丰满，也就是纹理丰富的蛋糕更受欢迎，因为国内大部分的婚礼场景细节很多，华丽又繁琐，因此蛋糕也需要足够多的细节来支撑，否则会“消失”在背景中，讲得更直接一点，叫压不住场。

即便和婚礼布置使用了同样的色系，同样的图案花纹元素，如果留白过多，仍然会出现复杂度上的不统一和细节频率的不同，最终导致风格的偏差。

与此同时，种类较少的纹路表现则比较适合简约风格的婚礼，大家设计蛋糕纹理时需要注意到以下两点。

① 目前国内的装饰蛋糕以及婚礼所需要的蛋糕，都是需要蛋糕纹理的。纹理能给人以丰富的视觉感受，是目前市场的偏好。

② 光滑表面适合简约风格。

所以说，如果想要提高蛋糕美感，可以增加纹理的比重，在合理分布的情况下，纹理面积越多，种类越多，越精致。

以下是两条实用的纹理搭配规律：

① 蛋糕主题与场景的风格相符；

② 存在多个纹理时，各个纹理之间的视觉效果不冲突，与场景的风格协调。

蛋糕装饰图案解析

出现在蛋糕上的图案是蛋糕装饰非常重要的一环，特定的蛋糕图案不仅能极大地增强蛋糕的主题性，彰显蛋糕的风格，也给蛋糕增加了精致的细节。

1 — 蛋糕图案类型

一般来说我们经常用在蛋糕上的图案可以分为四种。

（1）几何图案

以几何线条图案来装饰的蛋糕，偏向于现代与简约的艺术风格，适合设计感强以及比较特立独行的新人的婚礼。

（2）民族特色

民族特色风格的图案，顾名思义跟某个民族或者国家的文化以及形象息息相关，即便没有任何文字性的说明，具有特色和有代表性的图案也能让人理解蛋糕所蕴含的文化意义。

（3）欧式风格

欧式风格是我们平时在做蛋糕时经常会用到的风格类型。跟几何线条相反，欧式风格一般都有繁复精致的花纹，使蛋糕不可避免地偏向华丽的风格，如果追求简约现代的设计感就一定要慎用。

（4）特定主题

特定主题类型的图案是为了一个特殊的主题而服务的。和民族风格类似，图案和极为特定的文化或者故事相关联，具有非常高的辨识度，让人马上明白蛋糕所表达的情感，赋予蛋糕叙事性与故事性。

TIPS

同一蛋糕里的图案风格要保持统一。

❷ 蛋糕图案的应用技巧

不同的图案如何应用到蛋糕上呢？以下为四类图案的应用技巧。

（1）手绘图案

在翻糖蛋糕光滑平整的表面用食用色素或色粉画画是一个难度很高但效果很好的图案装饰方法。手绘图案细腻而精致，体现了翻糖蛋糕极高的手工价值且提升了蛋糕的精致度，缺点是对制作者的美术功底要求高且制作耗时长，技巧的熟练程度也无法在短期内提升。

（2）打印糖纸

同样是把图案放在蛋糕上，打印糖纸技术无疑是非常简单的。只需要选好符合主题的图案，用可食用糖纸和色素借助打印机打印出尺寸合适的图案即可。虽然没有手绘那样细腻的笔触，但打印图案失败率几乎为零，即便从来没有画过画的蛋糕师也可以在蛋糕上展现想要的图案。

（3）糖霜技巧

在纹理解析章节里提到的糖霜刮板是在蛋糕上创造规律、精致图案的好办法，利用现有的模具制作符合蛋糕主题的图案，一般适用于规律重复地覆盖一大片区

域。糖霜刮板技巧也是一个适合没有美术功底的蛋糕师的技巧，可利用模具创作出精致的视觉效果。

除了糖霜刮板，糖霜刷秀/刺绣，也可以在蛋糕上创造出图案。

（4）翻糖粘贴

不管是用模具还是手工切割，翻糖粘贴也是创造蛋糕图案最常用的一种方法，翻糖粘贴的难度不在于制作技巧，因为大部分靠模具就可以完成，需要注意的是整体效果，在粘贴的过程中要根据设计来调整，以达到合适的比例，创造出想要的图案。

TIPS

- 图案本身的气质决定了蛋糕的气质。
- 图案是一种装饰性强大的元素，很难被突破。
- 图案可以作为蛋糕装饰的主要元素（大面积覆盖），也可以作为多样化的蛋糕纹理来使用（覆盖在其中一层）。
- 图案可增加细节感。

在某种意义上，蛋糕是被蛋糕师所选择的图案的样式定义的。大家一定要利用好这个事半功倍的方法，让自己的作品更加精彩。

蛋糕装饰物位置分布

除了蛋糕本身的结构、色彩、图案，以及纹路质感，决定最终效果很重要的一个因素是加到蛋糕上的装饰物，装饰物的摆放是完善蛋糕结构的重要部分。

一般来说，蛋糕上的装饰物是指在蛋糕主体之外的装饰，比如插在蛋糕上的糖花、人偶等。装饰物除了可以让蛋糕的细节更加丰富，另外一个重要的作用在于调整蛋糕的结构，即便是已经完成的蛋糕，如果觉得结构不够理想，也可以通过装饰物进行修改。

糖花是最常用的蛋糕细节装饰物，其分布形态有五种。

1 —— 中心点蔓延

中心点蔓延的糖花分布在蛋糕上呈聚集状态，一般来说从蛋糕中部的某点向外延伸，延伸可能是单向斜线、双向曲线，或者是向四周扩散的团状。

中心点蔓延的糖花装饰简洁优雅，适合简约现代或者艺术感较强的蛋糕风格，所需要制作的糖花数量也比较少。

②—底部蔓延

底部蔓延的糖花分布是大量糖花从蛋糕的底部蔓延到顶部，配合传统型结构蛋糕，有着非常豪华的视觉效果，适合做真体蛋糕的装饰，在西方的婚礼中比较常见。

由于底部蔓延所需要的糖花数量较多，大家在制作时可以尽量放大每朵糖花的尺寸，底部蔓延的重点在于糖花的饱满感，如果不够饱满密集就无法达到好的装饰效果。糖花也可以用其他装饰物替代，比如左图里的水果片。

③——分层围圈

分层围圈是围绕着蛋糕体装饰一整圈的糖花，跟底部蔓延一样，适合传统型结构的蛋糕，也适合真体蛋糕的装饰，在比较老派的西方蛋糕上比较常见，在国内应用比较少。这种方式和底部蔓延一样需要大量的糖花，但其视觉效果的豪华性稍弱，是一种性价比较低的糖花装饰办法。

④——平行分布

平行分布是一种视觉效果非常华丽的糖花装饰办法。糖花围绕着蛋糕体进行360度或者是180度旋转，比起底部蔓延，平行分布在彰显豪华之余显得更加灵动活泼，是一种性价比更高的华丽系糖花装饰方法。

⑤—折线分布

折线分布是日常订单中最常用到的一种分布方法，糖花按群组穿插在蛋糕的不同部位，连接起来的路径是一条左右弯折的曲线，因此称作折线分布，比起其他分布类型，折线分布所需要的花量和手工时间是最少的，但与此同时，它又有着非常好的视觉效果，几乎可以覆盖所有类型的日常订单。

6 —— 不同分布方法的应用范围

翻糖装饰类型的蛋糕之所以价格昂贵，很大一部分原因在于它的手工性，精致的蛋糕效果无法通过机械化的量产来达到，而糖花又是手工环节中最无法替代的一环。糖花数量的多少，直接决定了手工价值的高低，进而决定了价格的高低。

- 底部蔓延/分层围圈/平行分布=豪华视觉效果=耗时长/售价高
- 中心点蔓延/折线分布=精致感视觉效果=手工较少/适合日常订单

请记住，糖花是丰富蛋糕细节的方法，不同的分布方法代表了不同的视觉丰满程度。糖花分布与蛋糕结构有密切关系。

中心点蔓延/底部蔓延/分层围圈/平行分布适合于传统型蛋糕结构，折线分布适合所有类型蛋糕结构。

7 —— 用装饰物调整蛋糕结构

除了节省人工，提供更具高性价比的产品，装饰物，尤其是采用折线分布方法时还有助于蛋糕结构的调整，可以用花的增减来强调或弱化需要加强或减弱的部位。

> **TIPS**
>
> 折线分布法具有调整蛋糕结构的作用。

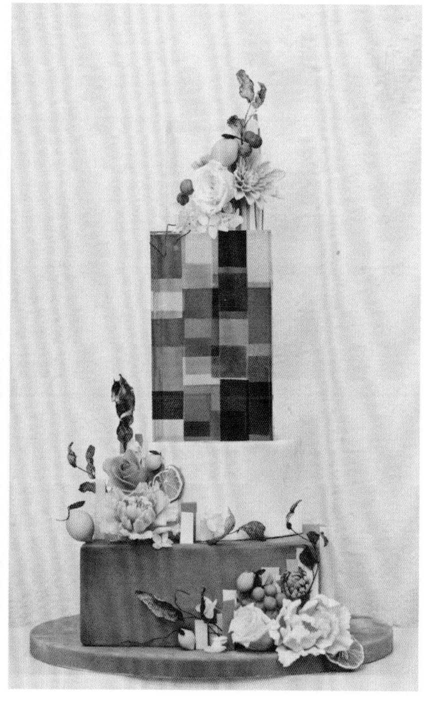

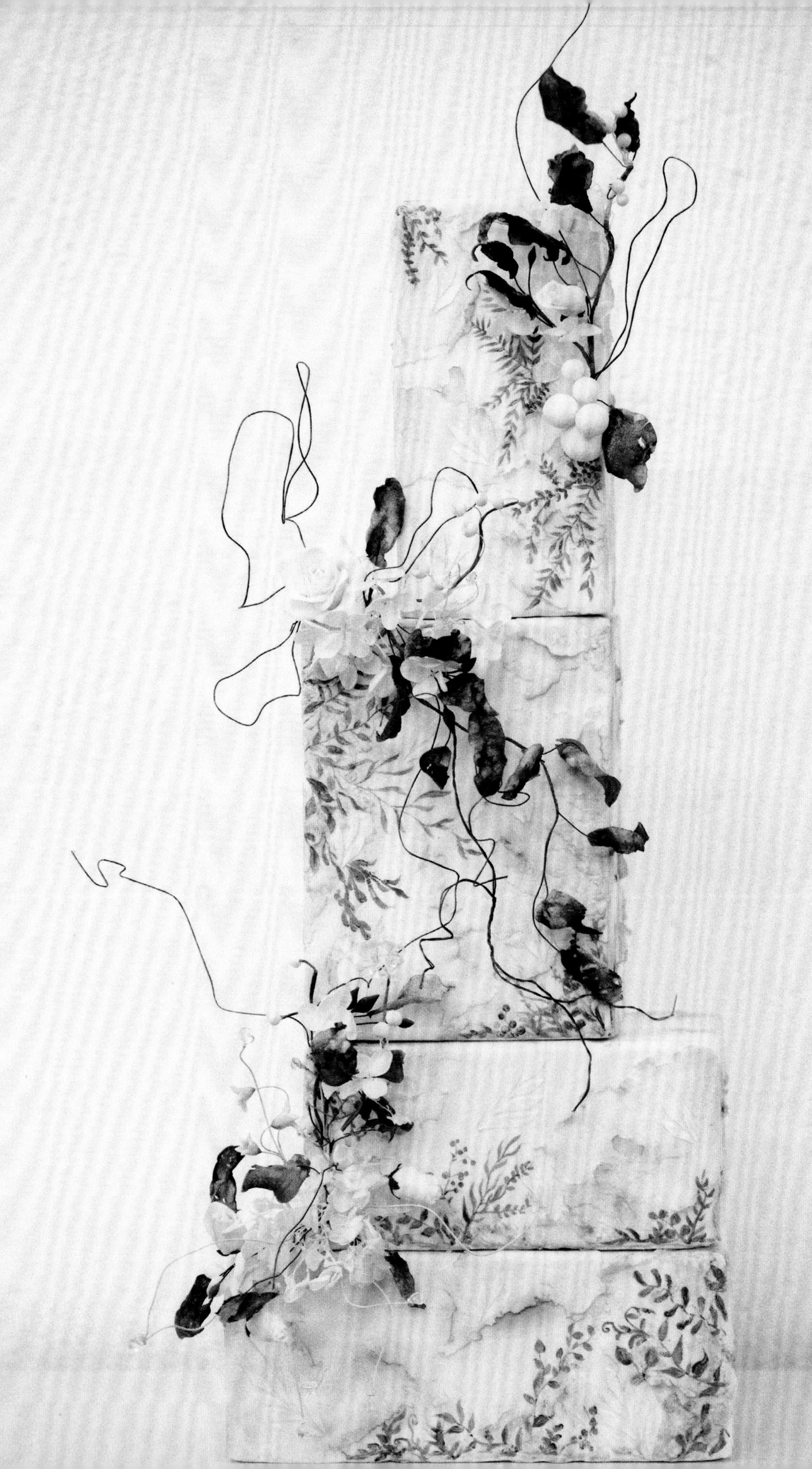

从以上六个将蛋糕装饰物折线分布的蛋糕可以看出，糖花簇从下到上在蛋糕的左右两侧来回穿插，保证了视觉上的平衡，可以想象如果把所有的细节装饰都放在一侧，蛋糕最终的结构一定会失衡。

因此可以反推，当完成一个蛋糕时，如果觉得某些部位偏弱，可以用糖花来加强装饰，以达到视觉的平衡。

除此之外还需要注意，一般来说最下面的花簇是最大的，往上逐渐变小，和蛋糕主体由下往上、由大到小的结构保持统一性，避免头重脚轻。

大师蛋糕美学分析

翻糖艺术从起源到现在不过短短几十年，但在各个时间段都有才华横溢的设计大师推动和改变了蛋糕装饰的历史。在这一章节中，我将对四位蛋糕艺术大师的作品进行分析，让大家在了解蛋糕装饰发展历史的同时，学习如何形成自己独特的风格。

1 —— 那些推动翻糖蛋糕装饰史的大师们

（1）Cotton and Crumbs

来自英国萨顿科尔德菲尔德小镇的Cotton and Crumbs无疑代表着传统型蛋糕的美学巅峰，主理人是一位叫Tracy James的女性。从小小的家庭厨房开始，她为朋友做蛋糕的爱好慢慢变成了事业，随后丈夫也加入了她的蛋糕王国，最终发展成了专业的婚礼蛋糕品牌，在Instagram（照片墙）上有将近20万关注者，她也建立了自己的课程体系。

Tracy的作品多为真体蛋糕，无论是毫无瑕疵的直角边包面，还是细节精致的复杂糖花，都体现了她高超而细腻的技术。

如果仅仅是这样，Cotton and Crumbs还不能被称为传统蛋糕的美学天花板。除了高水准的技术，Tracy的作品风格优雅而简洁，配色干净且温柔，装饰少而精致，但她的每一件作品都营造了独特的美学氛围。越是简单的设计，越是考验基本功的精致度和对细节的掌控。十年来Tracy一直坚持着自己的风格，并把它发挥到了极致，看到她的作品，就好像看到了它们所创造的一个个优雅而甜蜜的瞬间。正如英文名字中的cotton和crumbs的本意，棉花和面包屑，我想这正是Tracy想用作品传达的意思，棉花般的静谧温柔与面包屑的俏皮美味。

即便是在蛋糕设计空前发展的今天，Cotton and Crumbs仍然深受客户的喜爱，不随波逐流，保持风格的高度统一性，树立了独一无二的品牌形象，也在市场中占有了坚不可摧的位置。

（2）Cake Opera

Cake Opera是来自加拿大多伦多的品牌，它的主理人Alexandria Pellegrino是我非常欣赏的一位蛋糕设计师，不管是她做的蛋糕还是她本人都有极度鲜明的个人特色。

大学主修历史专业的Alexandria对法国18世纪的历史充满了兴趣，她把这种兴趣延伸到了蛋糕上。在翻糖蛋糕发展的早期，以Cotton and Crumbs为代表的简约派为主，体现的是蛋糕的观赏性，而Cake Opera第一次让蛋糕有了叙事性与场景性，蛋糕成了栩栩如生的历史故事，每一个细节都在为情节的构建而服务，自此开始，蛋糕除了美，也变得更有趣起来。

除了赋予蛋糕性格与主题，Alexandria还做了一件颠覆蛋糕装饰发展历史的事情，打破了传统蛋糕结构的常规，标志就是她的传播最为广泛的作品：歌剧院蛋糕。在歌剧院蛋糕中，蛋糕的中部主体被挖空，顶部悬挂了吊灯，周围用翻糖做出布幔效果，背面用壁画装饰，好像一个华丽的歌剧院舞台。Alexandria让大家意识到，原来蛋糕不需要呈规则的几何形从下到上由大变小。

除了对常规蛋糕结构历史性地突破，Alexandria还让有洛可可装饰风格的蛋糕风靡起来，华丽的花边装饰，复杂的图案组合，金色的大量使用，她成功地让18世纪的法国历史在蛋糕上复活。而这些变化对欧式蛋糕发展的影响是深远的，从此蛋糕不再仅仅是悄无声息的优雅，而是灿烂夺目的华丽。

Alexandria 的其他歌剧院系列作品

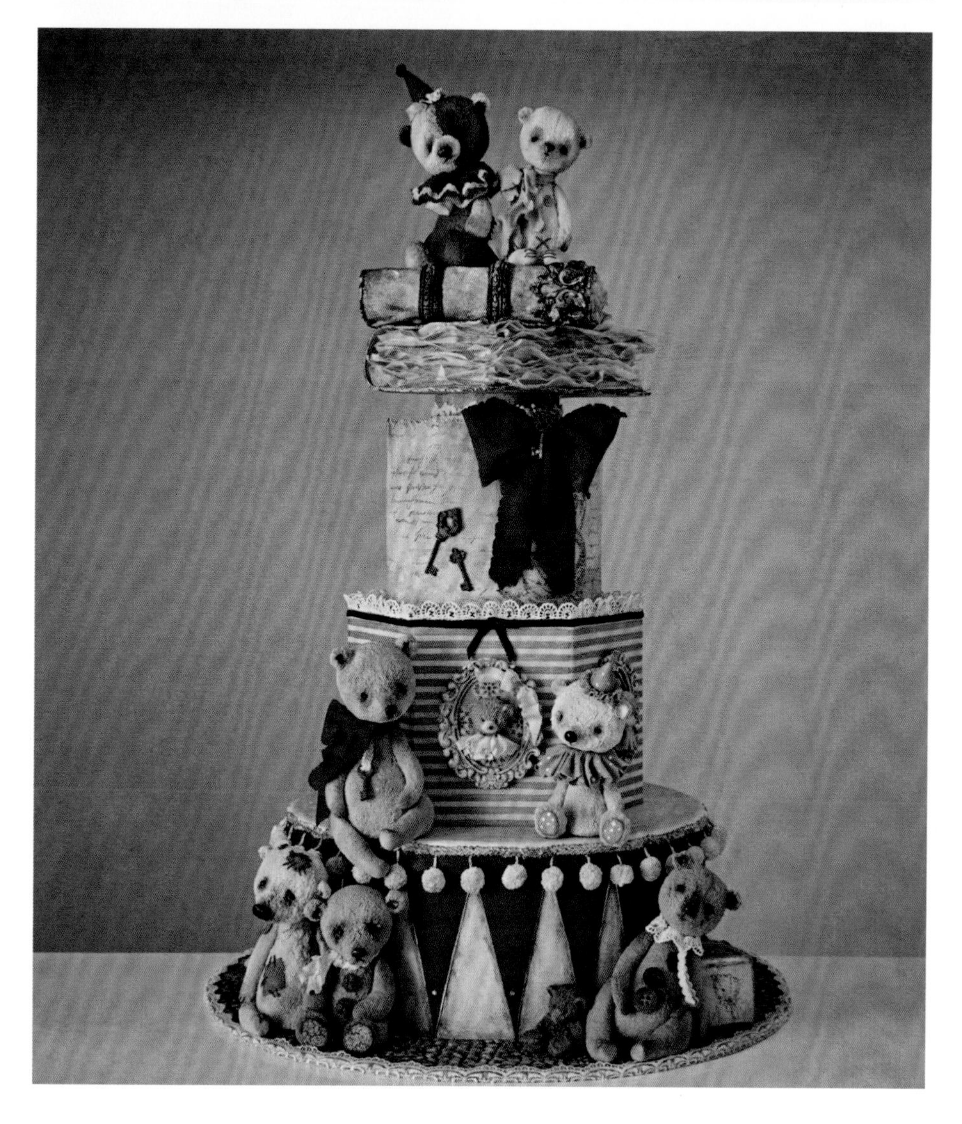

（3）Kek Couture

2019年我参与土耳其游学团时和Ozlem、Turkan的合影

来自土耳其的Kek Couture品牌有两位主理人，分别是Arabaci Ozlem和Askin Turkan，她们是大学同学，本来各自做着不同的工作，结婚后都有了小朋友就一起改行到蛋糕界，一个人主攻设计，另一个人主攻技术。

如果说Cotton and Crumbs和Cake Opera带来的更多是蛋糕审美和风格上的提升，Kek Couture则真正打开了艺术蛋糕更加商业化的大门，她们进行了许多创意十足的尝试，发明了很多方便实用的技巧，让装饰复杂的蛋糕也能被更加快速地制作出来，应用在日常的商业订单中。这样，蛋糕设计师就能用更短的时间制作出更精致的产品，提高了生产效率，也间接推动了市场的进步。

Kek Couture发明的技术在中国最广泛的运用就是上图中的威化纸花了，因为威化纸花的制作非常快捷并且有着很好的装饰效果，于是很快取代了制作耗时的糖花，成为商业甜品台订单上的重要元素，改变了中国市场上的糖花形态。

除了被广泛应用的威化纸花，两位老师还在蛋糕的图案和质感上有着极大的突破，同样是用快捷与简单的方法，达到复杂而细致的效果。为了让蛋糕的精致感大大提升，她们是迄今为止在同一个蛋糕上使用最多种类的质感纹理的蛋糕大师。

装饰性蛋糕开始发展以来，有很多技巧精湛的大师，而Kek Couture是第一个让技术下沉到商业市场的突破者，从此蛋糕艺术不再高高在上，而具有了普适性。

❷ 如何形成个人风格

几乎每一位大师都有着非常强烈的个人风格，他们的作品都有着极高的辨识度，即便没有标识也可以让人立即识别。一个蛋糕设计师的个人风格是如何建立的？接下来我们通过对来自俄罗斯的蛋糕设计师Elena Gnut的作品进行分析，来讲讲构建个人风格的四个要素。

（1）色调的统一性

Elena老师的作品主题各异，但无疑都带有一定的暗黑色彩，因此即便每个蛋糕的颜色不同，但都带有一定的灰调。正如Cotton and Crumbs的作品都是清新的非饱和色系，Cake Opera的蛋糕带有大量的金色，Kek Couture的蛋糕都呈复古棕色调一样。强烈的风格塑造一定离不开色调的统一性，可以是某种颜色（特定的色调），也可以是颜色的性质（高饱和或低饱和），不管蛋糕的具体色彩如何搭配，仍然可以保证调性的统一，这是保证风格的重要因素。

（2）结构的相似性

除了色调，另一个形成独特风格的重点在于蛋糕的结构，Elena老师的作品多为平面手绘主体与顶部立体装饰的结合。Cotton and Crumbs与Kek Couture的作品则为多层数的传统型蛋糕结构。相似的结构组合让不同的作品具有极强的整体性。

（3）特定的蛋糕装饰技巧

技巧可不可以成为独特的风格？当然可以。当你把某一种技巧运用到极致就可形成独特的风格。Elena老师无疑把蛋糕手绘这个技巧用到了极致，形成了自己作品最大的特色。如果我们没有这么精湛和不可替代的技巧，能不能有自己的风格呢？答案也是可以的，比如Tracy老师细腻的糖花装饰与完美的直角包面是她的技巧风格，Ozlem和Turkan老师的纹理技术以及威化纸花是她们的技巧风格。你所需要做的，就是不停地练习擅长的技巧，并在每个作品中都进行大量的重复，进而通过技巧来营造独特的风格。

（4）作品拍摄风格的统一

作品最终如何在社交媒体上展示，是打造个人风格的最后一环。根据自己的作品风格，选择合适的拍照背景的色调以及质感，Elena老师的灰调，Tracy老师的白色调，Ozlem与Turkan老师的棕灰色调都是形成她们强烈个人风格的重要因素。千万不要忽略了这个事半功倍表现作品统一性的细节。

第2章 甜品台的设计

CHAPTER 2

甜品台甜品种类

刚开始接触甜品台的蛋糕师可能会有一个疑问，除了主蛋糕，甜品台应该包括哪些小甜点呢？既能够被运输，还能在常温下保持口感，而且兼具甜品台的主题装饰性。在这一节里，我们就来详细分析一下一个甜品台的内容结构。

1 —— 甜品台主蛋糕

很多对翻糖蛋糕不熟悉的人都有这样一个疑问，婚礼蛋糕可以吃吗？百分之九十九的情况下答案都是不能吃，不同于西方婚礼仪式结束后宾客分食婚礼蛋糕的传统，大部分中国婚礼甜品台的主蛋糕都是假体。造成这种现象的原因主要有三个。

（1）口感习惯的差异

平时大家在生活中喜欢吃的奶油蛋糕，一般是由戚风蛋糕做成的，由于在制

作时往其中的原料之一蛋白中打发进了大量的空气，所以密度比较低，口感非常轻盈。而翻糖蛋糕使用的是磅蛋糕，出炉后密度高，承重力强，可以支撑各种翻糖的装饰，因此口感偏厚重。两种蛋糕体没有高低之分，但却反映了东西方饮食习惯的不同。吃惯了轻盈口感的戚风蛋糕的我们，在吃到香浓而扎实的磅蛋糕时往往会觉得太腻了，因此婚礼仪式上的磅蛋糕，从口感上来说对我们并没有太大的吸引力。

（2）仪式流程的不同

欧美人普遍有饭后吃甜点的习惯，在婚礼上，婚礼蛋糕就理所应当地成为来宾的饭后甜点。而在一个中式的婚礼上，翻糖蛋糕更多的是作为场景布置的一角，融合在整个布置中，起到给婚礼增加细节的视觉效果，食用功能几乎为零。

（3）婚礼风格的多样

一般来说西方的婚礼风格偏向于自然和简约，因此对蛋糕造型的要求偏向比较传统的结构和形状，以规则堆叠的圆形或者方形为主。而在中国随着定制婚礼的兴起，婚礼主题从简单的色彩的区别发展到了各式各样的主题，因此对蛋糕设计有了越来越高的要求。蛋糕的结构也有了越来越多的创新，而这些设计是无法用真体蛋糕完成的。

❷ 甜品台小甜点

甜品台上的小甜点分为两个部分，一个是以装饰效果为主的翻糖小甜点，另一个是以口味为主的普通小甜点。

翻糖装饰类的小甜点包括翻糖纸杯蛋糕、翻糖/糖霜饼干、翻糖饼干塔、翻糖棒棒糖蛋糕。其他类型的甜品包括饮品、奶油纸杯蛋糕、巧克力、甜甜圈和马卡龙等。

（1）翻糖纸杯蛋糕

翻糖纸杯蛋糕一般来说是在磅蛋糕或者海绵蛋糕上覆盖一层翻糖，在顶部做平面或者立体的装饰，吃的时候把顶部的翻糖装饰拿掉再食用。

博柏利主题的翻糖装饰纸杯蛋糕

（2）翻糖/糖霜饼干

翻糖/糖霜饼干是在烤好的各种形状的黄油饼干上铺糖皮，做出平面的装饰花纹和造型。翻糖饼干相较于糖霜饼干来说制作更加快速，糖霜饼干则需要更多的手工时间，但是口感更好。两者都可以保存比较长的时间。

（3）翻糖饼干塔

翻糖饼干塔一般由六块到八块饼干堆叠而成，每两块相同大小的为一组，一般来说从下到上由大到小排列，顶部做立体的装饰。饼干塔是一个非常具有仪式感的小甜点，它模拟了一个蛋糕的形态，装饰性大于食用性。

（4）翻糖棒棒糖蛋糕

翻糖棒棒糖蛋糕在甜品台上一般成组出现，棒的高度和蛋糕球上的装饰是营造层次感的好帮手。

婚礼现场这个场合的特殊性，要求陈列的甜品必须具有极大的观赏价值，成为婚礼中营造细节与美感的一角，并不仅仅作为一种食物而存在。它们的价值是由设计的溢价决定，而不是由黄油、面粉的价格而决定的。

对婚礼公司而言，如果甜品台仅仅是好吃，而没有起到增加视觉美感的效果，让他们的婚礼作品更有竞争力，从而招揽到更多的新客人，对于他们来说，甜品台就没有起到真正的作用。所以翻糖类甜品台的存在是必须而且重要的。

（5）其他类型的甜品

出现在甜品台上的其他类型甜品大家可以自由搭配，但最好具备一个特征，就是这个美味甜点的色彩是可以根据婚礼主题调整的。比如马卡龙的外壳、奶油蛋糕

大理石纹主题的甜品台，奶油被调成灰白混色，以此模仿大理石的纹路

的奶油、甜甜圈的淋面等，在具有美味的同时也保持一定的美观，不要成为甜品台上突兀的存在。

TIPS

甜品台上除翻糖装饰类的小甜点，其他类别甜品的色彩最好能随着主题变化。

3 甜品台内容与主题的相关性

不同主题的甜品台，其中小甜品的种类是否需要有变化？答案是肯定的。

有一些种类的甜品只适合某些特定风格的婚礼，甜品本身就具有了强烈的主题性，因此我们在搭配甜品时，应该考虑到相关主题带来的限制，找到最切合的甜品种类。

在一个中式风格的婚礼中，我们可以放置桂花糕、蛋黄酥之类的中式甜点，甚至可以直接放花生米和红枣。这些出现在其他主题的甜品台中显得突兀和奇怪的内容，跟中式甜品台却无比协调。

而在一个户外婚礼中，我们可以放置水果挞、磅蛋糕、法棍甚至是真实的水果，这些偏向自然感的食物，可淡化装饰性，突出美味感。可以想象，如果将这些放到一个华丽的欧式风格的室内婚礼中，一定是格格不入的。

所以甜品台上具体的小甜点应该与婚礼的风格和主题相关，大家在确定小甜品的时候要有灵活性，这样才能提高客户满意度，做出高质量的作品来。

④——甜品台产品类别及数量参考

以下是我们常用的甜品台产品类别及数量，对甜品台产品没有概念的新手可以参考。具体的种类和数量还是要根据当地市场的情况和婚礼的主题来最终确定。

常用甜品台产品类别：

翻糖主蛋糕（一般1～3座）：整套甜品台的套餐可以根据主蛋糕的数量来分级；

翻糖纸杯蛋糕（8～12个）；

翻糖饼干（6～8块）；

翻糖棒棒糖（8根）；

饮品（8～12杯）：根据主题变化容器；

奶油纸杯蛋糕（6～12个）；

马卡龙（12～24粒）；

甜甜圈（6～8个）。

甜品台设计思路拓展

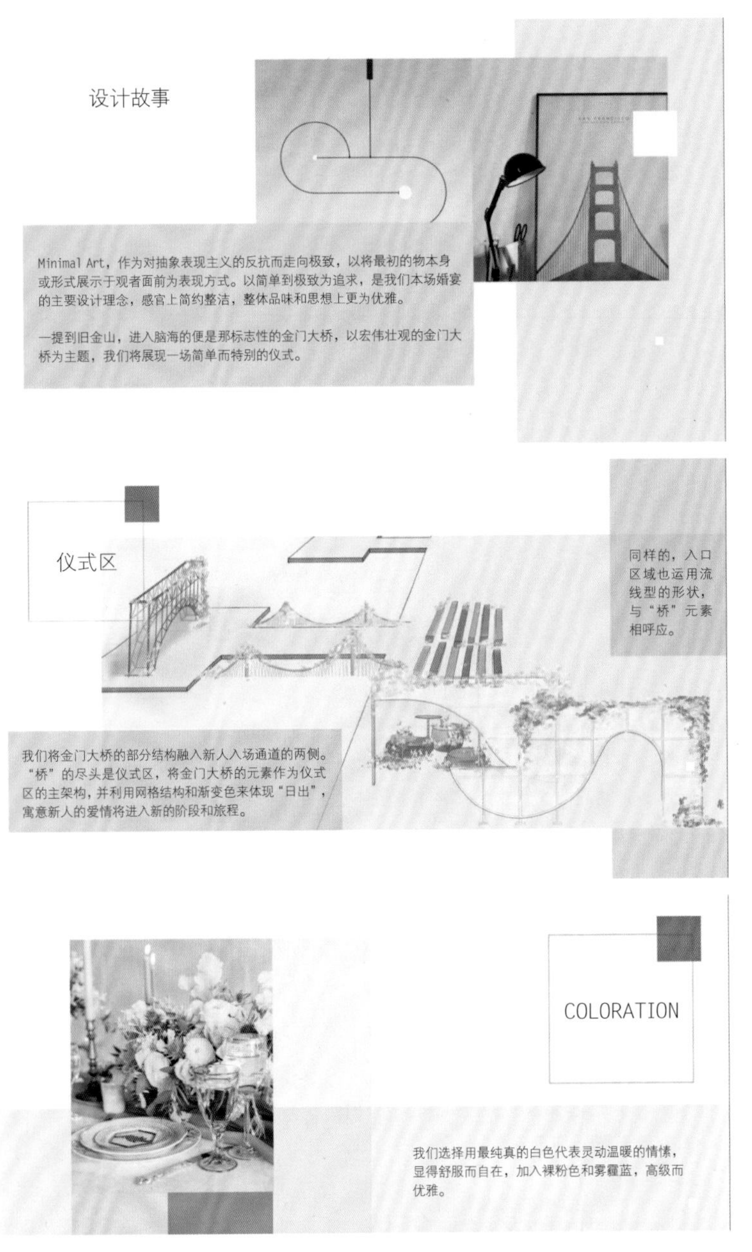

婚礼设计来自艾俪婚礼

当确定了一个婚礼主题时，该如何设计一个与之相契合的包含了主蛋糕以及小甜品的甜品台呢？这一小节以一个真实的婚礼案例为模板，来讲解甜品台的设计思路。

第一步：提取关键词

从婚礼公司的设计方案来看，婚礼以有线条感的几何图形与金门大桥为主要形态，并用网格结构来体现日出。因此我们可以提取出的关键词有：线条、金门大桥、太阳。

由关键词可以看出，蛋糕的设计应该偏向于简洁的现代风格，在结构上突出设计感。关键词的作用既在于帮我们抓取可以直接应用在蛋糕上的元素，也在于帮我们明确蛋糕的风格。

第二步：确定配色

正如第一章关于婚礼蛋糕色彩的阐述，每个婚礼甜品台的色系由婚礼的配色决定，因此我们可以确定甜品的颜色为粉色、蓝色以及白色。在跟婚礼策划师沟通后，确定主色调为蓝色，以粉色、白色为辅色。

① 蛋糕的设计

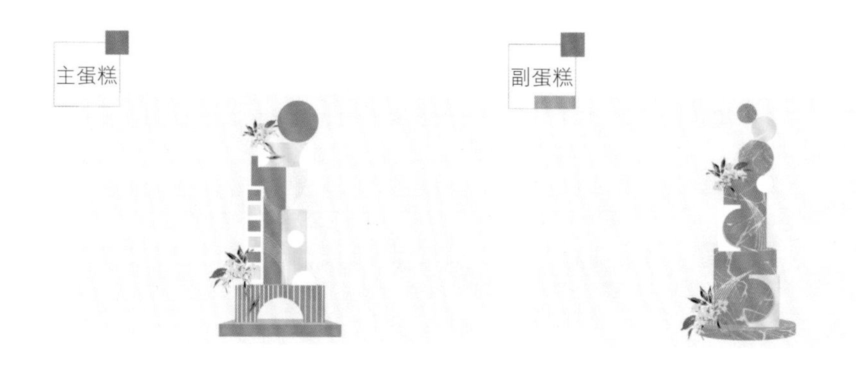

主蛋糕由不同的几何图形和线条组成，保持了现代简约的风格。蛋糕结构是创新型的，蛋糕的底座代表着金门大桥。蛋糕的中部，没有使用传统的由大到小的堆叠方式，而是使用了三个长方体作为蛋糕的中部支撑，带来更多的建筑感。三个长方体之间用重复的线条连接，几个分布在蛋糕上的大大小小的圆形图案代表着日出时上升的太阳。

副蛋糕的主体虽然由传统的双层圆形构成，但主要装饰为几何线条和几何图案，顶部则同样是由象征着日出的、大小不一的圆形堆叠在一起，构成新的几何形态。

与此同时，在主副蛋糕上都分别有两处糖花装饰来中和蛋糕的几何感，使蛋糕更具有柔和的气质，符合唯美的婚礼氛围。

② 小甜点的设计

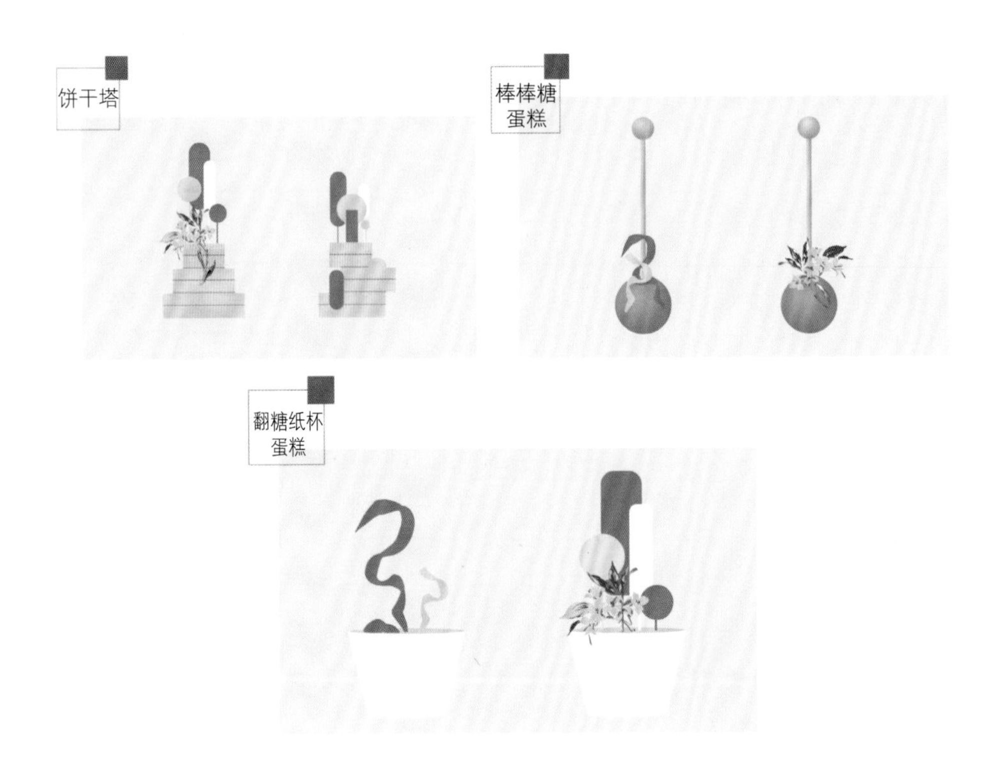

一般来说，婚礼甜品台中小甜品的设计，直接提取主蛋糕中的部分元素即可。

这里需要注意两点，第一，所提取的元素必须是符合关键词的，即已经出现在婚礼中的元素。第二，提取部分元素，在一个小甜点上不需要放置全部的元素，仅根据需要提取一到两个即可。

在这个案例中，饼干塔提取了圆形和方形的几何图案，棒棒糖蛋糕提取了花朵和线条，翻糖纸杯蛋糕提取了圆形方形花朵及线条。

按照这个方法可以快速厘清小甜点的设计思路，做出符合婚礼风格又具有整体性的作品。

看完这个案例后，相信大家对如何设计一个婚礼甜品台有了一定的了解，按照以下三个步骤走，思路就会越来越清晰：

① 提取关键词：确定元素，决定风格，决定结构。

② 确定配色：以哪个颜色为主，哪个颜色为辅。

③ 蛋糕设计：保持主题风格。

④ 小甜品设计：提取主蛋糕设计中的部分元素。

即便暂时还没有订单，有时间也可以按照这个步骤多多练习。设计是一件熟能生巧的事情，平时有足够的积累，才能在关键时刻一气呵成。

现场图片来自艾俪婚礼

甜品台的层次布局

❶ 为什么需要层次感

在笔者的线上课程和甜品台理论课程中，甜品台的层次感是一再强调的问题。一个甜品台的摆放是否有层次感，决定了最终的效果是否理想。一个制作精美的甜品台如果缺乏合理的层次感，就必然不会达到好的效果。层次感作为影响甜品台的重要因素，关系着最终的分数，好的层次感可以让甜品台设计事半功倍。

（1）更丰富的视觉效果

好的层次感可以带来更丰富的视觉效果。层次感的本质就是把多个物品按照特定的规律放到不同的位置，因此在这个填满空间的过程中，比起紧密地挤在一起，物品会因为被分散而显得更多了。这是层次感带来的关于数量层面的感官变化。

（2）更精致的呈现方式

好的层次感也可以营造更精致的呈现方式。层次感的存在让甜品台有了主次轻重，我们可以通过层次感强调亮点部分，也可以通过层次感弱化重复的部分，层次感就好像合适的灯光，让甜品台有了明暗的变化，也有了特定的秩序。这是层次感带来的关于美感层面的感官变化。

2 如何营造层次感

如何营造一个甜品台的层次感？虽然平时我们在甜品台订单中会遇到各种不同的桌子的形式，如长方形的、圆形的、群组的，但基本上都可以遵循以下三个规律。

（1）打造中心点

每个甜品台都需要有一个视觉重点，就是中心点。这个中心点也是甜品台的最

高点，中心点一般由主蛋糕来充当。一个没有中心点的甜品台是无法抓住宾客的注意力的，中心点使大家明白设计师想要强调的重点部分，突出主题与风格。这样也保证了一个比较合理的观赏顺序，宾客的视线会从中心点向周围延伸。如果遇到预算不够多的客户，可以通过蛋糕架的堆叠制造中心点。

（2）两边对称

人类进化到如今，有一套刻进DNA的审美，比如对称——这是种不经过思考的本能偏好，我们天然喜欢对称的东西。所以大家在摆放甜品台时，如果没有特殊情况，一般可以遵循对称原则。

对称并不意味着左右两边要放一模一样的东西，但在摆盘和甜品的高度上，可以保持较高的一致性。比如下图中左右两个副蛋糕，虽然本身的高度略有差别，但我们通过对蛋糕托盘高度的调整，让两座副蛋糕的高度不会形成突兀的差距。与此同时，第一排的左右两边也通过容器以及花艺达到了左右的对称。

对称也意味着我们在摆台时更加快捷，准备对应的双数容器，左右对称摆放就

能保证不错的效果，是经验不多的蛋糕师也能迅速掌握的方法。

（3）参差感

如何营造参差感？在横向与纵向两个维度都有变化与起伏即可。

以下图为例，从前往后由低到高，前面一排必然低于后面一排，这是纵向的起伏。与此同时，在横向维度上，第一排最边上的饮料瓶加上吸管有比较高的高度，接下来往中间是用高度比较低的容器放置棒棒糖蛋糕，再往里则是比棒棒糖蛋糕再高一些的站立的糖霜饼干。在第二排，则通过除了主蛋糕之外的小托盘的高低变化来营造这一排的参差感。

因此只要掌握了横向和纵向两个维度的变化，就能在细节上营造出参差感。

TIPS

树立中心点，让两边对称，横向纵向上营造参差感，就是打造甜品台层次感的三部曲，快试试吧。

甜品台的器皿选择

如何选择放置甜品的容器和制作一个成功的甜品台息息相关，除了可以被用来营造甜品台的层次感，甜品台上的器皿实际上可以被看作是甜品的延伸，成为展示的一部分。

再完美的蛋糕如果搭配了风格不合适的容器，也会让甜品台的分数大减，甚至不合格，而好的容器则可以让蛋糕更加精致且富有表现力。

请重视容器，就好像重视甜品本身一样。

这一节列举了日常订单中最常用到的四大类容器，希望能给大家一些参考。

1 — 金色欧式容器

金色的容器是刚接触甜品台的新手也会常用到的一种容器。适合金色的欧式婚礼，偶尔也可以被运用到以大红为主色的中国风婚礼中。

TIPS

适合金色的欧式或某些大红色调的中式/重色婚礼。

②——白色清新容器

除了金色容器，另外一种常用的就是白色容器了。白色可以说是所有浅色系以及户外婚礼的百搭色，基本上可以应付除了欧式和重色调婚礼之外的大部分场景。不过白色容器容易被弄脏和磨损，运输时一定要采取保护措施。

TIPS

适合浅色/户外/冷色调婚礼。

③ 中国风容器

中国风是深受长辈喜爱的一种风格，由于长辈在中国人的婚礼中仍然拥有主要的话语权，因此中国风的使用率非常高。中国风的容器比起金色和白色容器来说更有趣味，除了传统的架子，还有迷你型的中式小桌子和小椅子等家具，毛笔架可以成为饼干架，茶杯可以成为纸杯蛋糕托，这些都是乐趣无穷的秘密道具，让你的中式甜品台更加精致，更符合主题。

④——木质森系容器

随着独立策划师的兴起，更多新人放弃了豪华的室内婚礼，转而选择了小而美的户外婚礼。于是，风格更加清新与自然的甜品台也随之流行起来。森系的木质托盘是最适合户外甜品台的容器，既不会有过重的人工痕迹，也不会有过于饱和的色彩，和户外轻盈而自然的风格相得益彰，非常适合与奶油蛋糕以及裸蛋糕搭配。

FENTIMAN'S
PINK GRAPEFRUIT
TONIC WATER

甜品台设计流程

前一节讲到了如何整理和拓展一个甜品台的元素，进而根据这些元素来设计蛋糕与甜点，在这一节笔者把设计甜品台的流程分享给大家，搭好设计的框架后，就能更有条理地进行甜品台的设计。

1 和婚礼公司的沟通

（1）研究来自婚礼公司的方案

一般来说策划师会在婚礼之前将整个婚礼的方案发送给甜品设计师，方案有两种情况：一种是包含了整个婚礼设计的信息，所有区域的布置，婚礼元素和设计思路等。每家婚礼公司的具体的内容都不太相同，但基本上所展示的信息都差不多。这里介绍一个来自艾俪婚礼的案例供大家参考。

在这个案例中可以了解到婚礼的风格、元素、色彩，有些时候策划师还会提供一些他们希望摆放的蛋糕或者甜点的风格的图片。一般这样的婚礼方案我们获取的信息比较多。

第二种情况是我们收到的可能是一张甜品台的区域图，婚礼公司不会把整场的布置发给你，虽然我们也可以得到色彩和某些元素信息，但总体来说还是缺乏对整场风格的把握，所能参考的元素也较少。

（2）询问补充信息

拿到方案之后，为了确保我们的设计没有原则上的问题，还需要问一下关键的补充信息。

① 色彩的比例　正如我们在色彩一节强调过的，虽然婚礼的色彩都是固定的，但比例的不同会得到截然不同的效果，而很多时候，方案里体现了颜色的种类，却

色彩选择
我们选择深深浅浅的香槟色，点缀一点裸粉色，调和少量的蜜糖色，整场婚礼的颜色明亮有气质，层次分明。
艾俪婚礼
BELIEVE ME BELIEVE LOVE BELIEVE ELLE

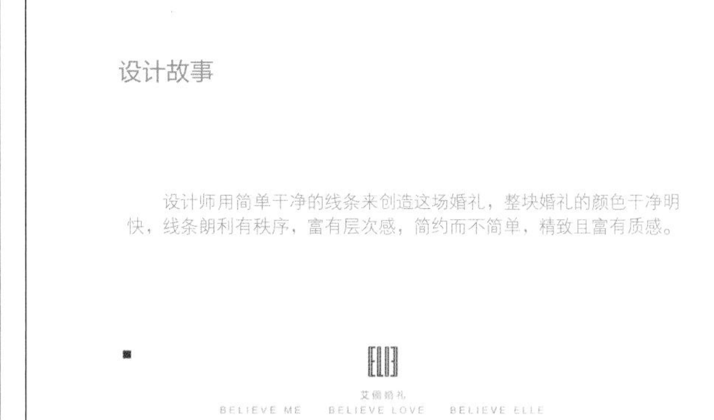
设计故事
设计师用简单干净的线条来创造这场婚礼，整块婚礼的颜色干净明快，线条朗利有秩序，富有层次感，简约而不简单，精致且富有质感。
艾俪婚礼
BELIEVE ME BELIEVE LOVE BELIEVE ELLE

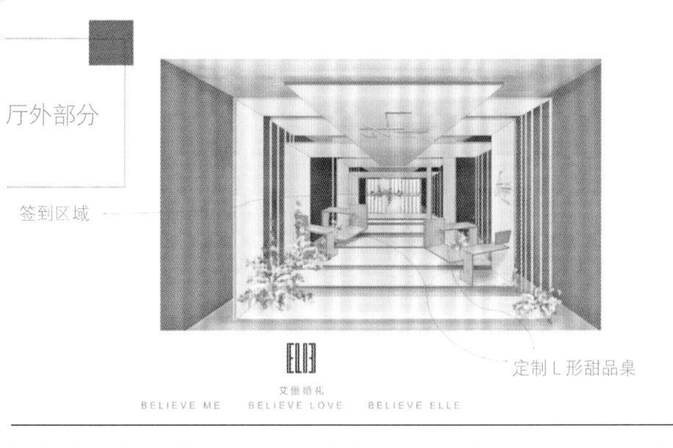
厅外部分
签到区域
定制 L 形甜品桌
艾俪婚礼
BELIEVE ME BELIEVE LOVE BELIEVE ELLE

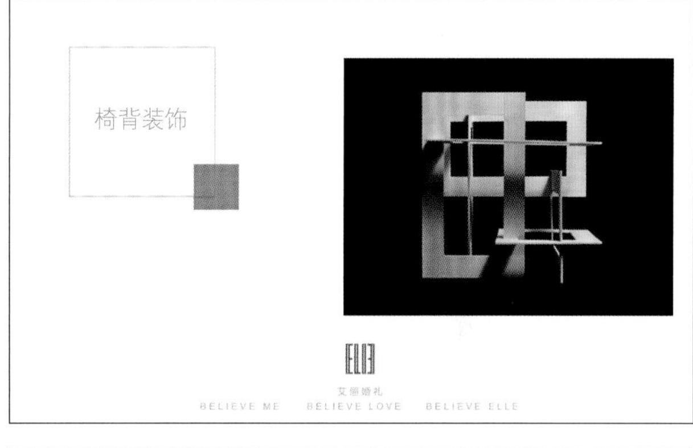
椅背装饰
艾俪婚礼
BELIEVE ME BELIEVE LOVE BELIEVE ELLE

甜品推荐
艾俪婚礼
BELIEVE ME BELIEVE LOVE BELIEVE ELLE

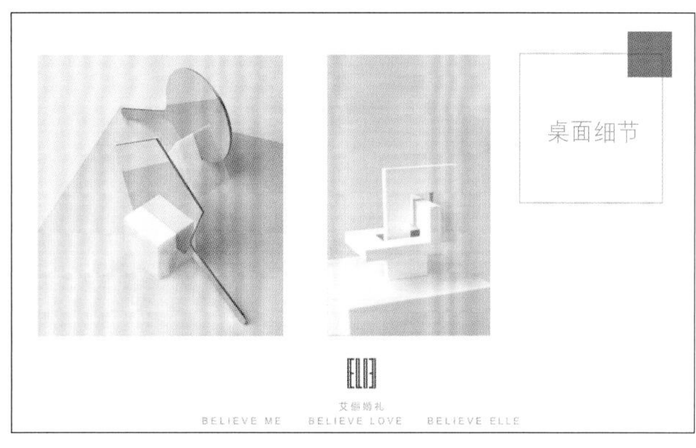
桌面细节
艾俪婚礼
BELIEVE ME BELIEVE LOVE BELIEVE ELLE

没有体现配色的比例。因此跟策划师确认主色调与辅色调是非常必要的。

② 策划师偏好的蛋糕风格　在设计蛋糕的时候，我们需要注意避免的一点就是无用功。有时即便了解了颜色和元素，也有可能设计出策划师或者客人完全不喜欢的蛋糕风格来。因此在设计之前，最好询问策划师或者客人喜欢的蛋糕的图片，把握设计方向。注意，绝不是抄袭参考图，即便是同样的元素，也可华丽可简约。

③ 必须出现的元素　有一种情况是，新人喜欢的某种元素，在婚礼现场的布置中并没有出现，但他们可能希望体现在蛋糕上。比如，曾经有一对新人，婚礼现场是粉金色的欧式公主风格，但新娘希望在主蛋糕上加一对卡通小女孩的人偶，因为他们有一对双胞胎女儿。这就是在婚礼设计资料中无法获得的信息，在制作前跟客户多多沟通，才能做出有故事的蛋糕来。

④ 忌讳的元素　有些家庭会有一些讲究和在意的地方，比如，在中国风里，不能出现伞，因为谐音是“散”，或者是绝对不能出现某些色彩，一旦在婚礼上出现新人忌讳的元素，就会造成重大的事故。而这样的情况完全是可以通过事先沟通而避免的。

❷ 设计流程

前期的信息沟通部分结束以后，进入到设计部分，应该按照什么样的顺序来操作呢？每个甜品设计师可能都有自己的方式，在这里分享的是笔者刚开始设计甜品台时严格执行的步骤，比较适合经验不太多的人借鉴，从而顺利地进入设计甜品台的流程中。

（1）确定桌子的形状与尺寸

了解完关于元素色彩和风格的信息，我们就可以开始具体地设计甜品台了。第一件事情是确定摆放甜品台的桌子的形状和尺寸，了解这些有助于我们向新人和策划师推荐甜品台的档位和具体甜品的数量，也就是第一步——定档。

（2）确定摆盘方案图

第二步不是设计蛋糕，而是开始“搭框架”，搭框架具体指的是什么呢？就是确定整个甜品台的摆盘：每个蛋糕架和蛋糕托盘的款式大小以及摆放的位置。就好比盖房子时先打下地基和建立框架。做甜品台比较清晰的思路是先确定桌子上的每个位置放哪一种容器，放置哪一种甜品，这样确定了每一种甜品的数量和位置后，接下来需要做的就是往框架里填水泥了。

先搭建框架的好处是什么呢？最大的作用在于让刚入行的同学先有一个全局的概念，因为甜品台讲究的是整体的呈现以及摆放的层次，所以一开始就确定摆台的方式和甜点的分布有利于层次感的营造，以及最终效果的呈现。

（3）设计主蛋糕与小甜点

框架的搭建让甜品台有了及格线以上的分数，接下来就是用设计的细节锦上添花。在这个步骤里，我们按照设计思路那一节讲的关键词抓取法来寻找可以使用的元素，并以此先设计出主蛋糕，然后再选择部分元素设计小甜点。

（4）绘制方案设计图

最后一步是将设计好的蛋糕与甜品用手绘或者是电子设计稿美观地表达出来，这是和客户沟通的重要步骤，也方便继续按照客户的想法进行一定的修改，完善设计方案。

第3章

十五个甜品台与蛋糕案例赏析

CHAPTER 3

爱丽丝梦游仙境
甜品台

场地设计图来自24RED婚礼策划

爱丽丝梦游仙境是一个有趣且经常出现的主题。作为一个已经非常成熟的IP，它自带强大的故事性。比起其他需要努力寻找关键词和提取元素的主题，有关爱丽丝的电影、产品、平面设计已经给我们提供了太多可以利用的素材，遇到这样本身就非常丰富的主题，我们需要做的就是把线索宝库完美地搭配组合，并最终展现出来。

关键词提取：
爱丽丝梦游仙境

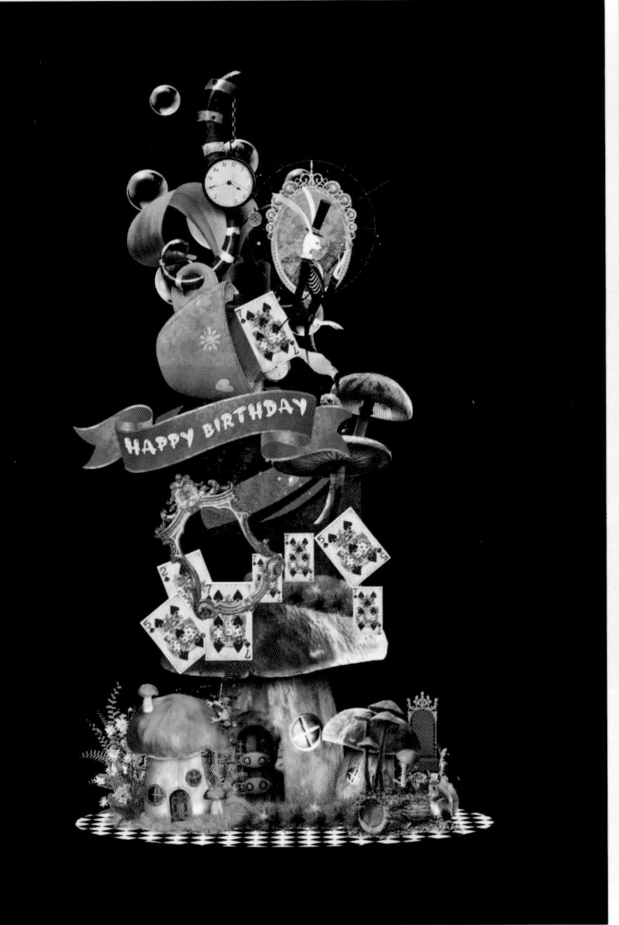

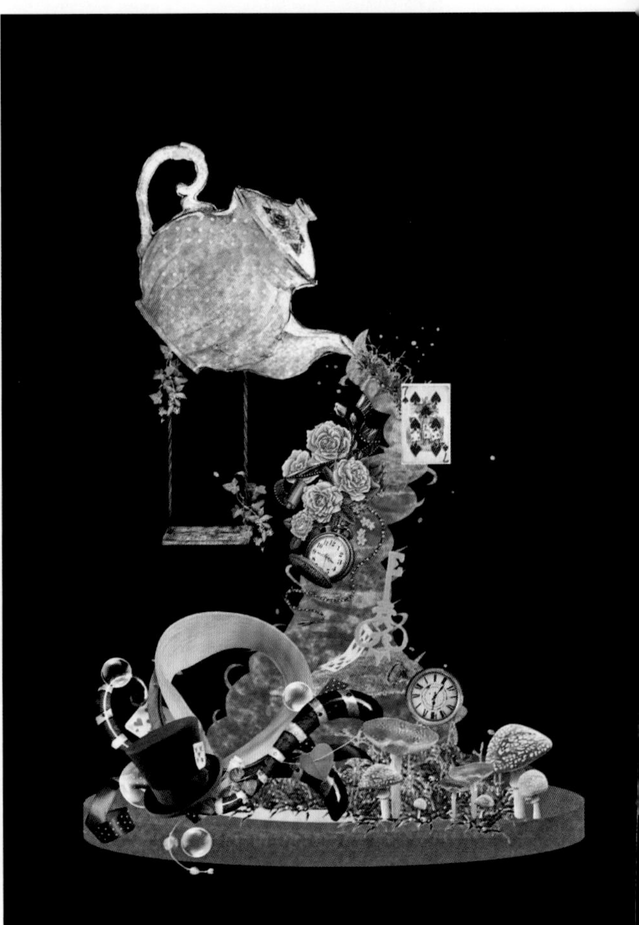

SissiCake 上海站作品

关于爱丽丝梦游仙境主题的设计难度并不在于缺少元素，而在于怎么在这么多元素中选择出合适的，将其组合成蛋糕。特别是当需要设计三个主蛋糕时，怎样对元素进行取舍，并不是一个简单的任务。

首先需要保证的是线索统一性。也就是说三个主蛋糕的设计，需要有一些始终穿插其中的元素。

其次是保持呼应性，是在线索很多的主题蛋糕中需要特别注意的问题，避免设计出三个毫不相干的蛋糕，即便有很多选择，也可以在每个蛋糕中都插入一些相同的元素，以保持呼应性。

在爱丽丝梦游仙境这个主题里，我们选择了蘑菇、扑克牌、怀表。

第一个蛋糕为创新型结构，用大大小小的蘑菇构成蛋糕的主体，将扑克牌、怀表穿插其中。

第二个主蛋糕以书本、树桩还有茶杯为结构主体，将怀表、扑克牌、蘑菇穿插其中。

第三个主蛋糕的结构设计是从茶壶嘴中倾倒出茶，而将蘑菇、怀表、扑克牌等故事元素穿插其中。

三个主蛋糕在保持各自特色的情况下相互联系，各自抓取一部分元素作为重点。构成了形态丰富、主题鲜明的设计。

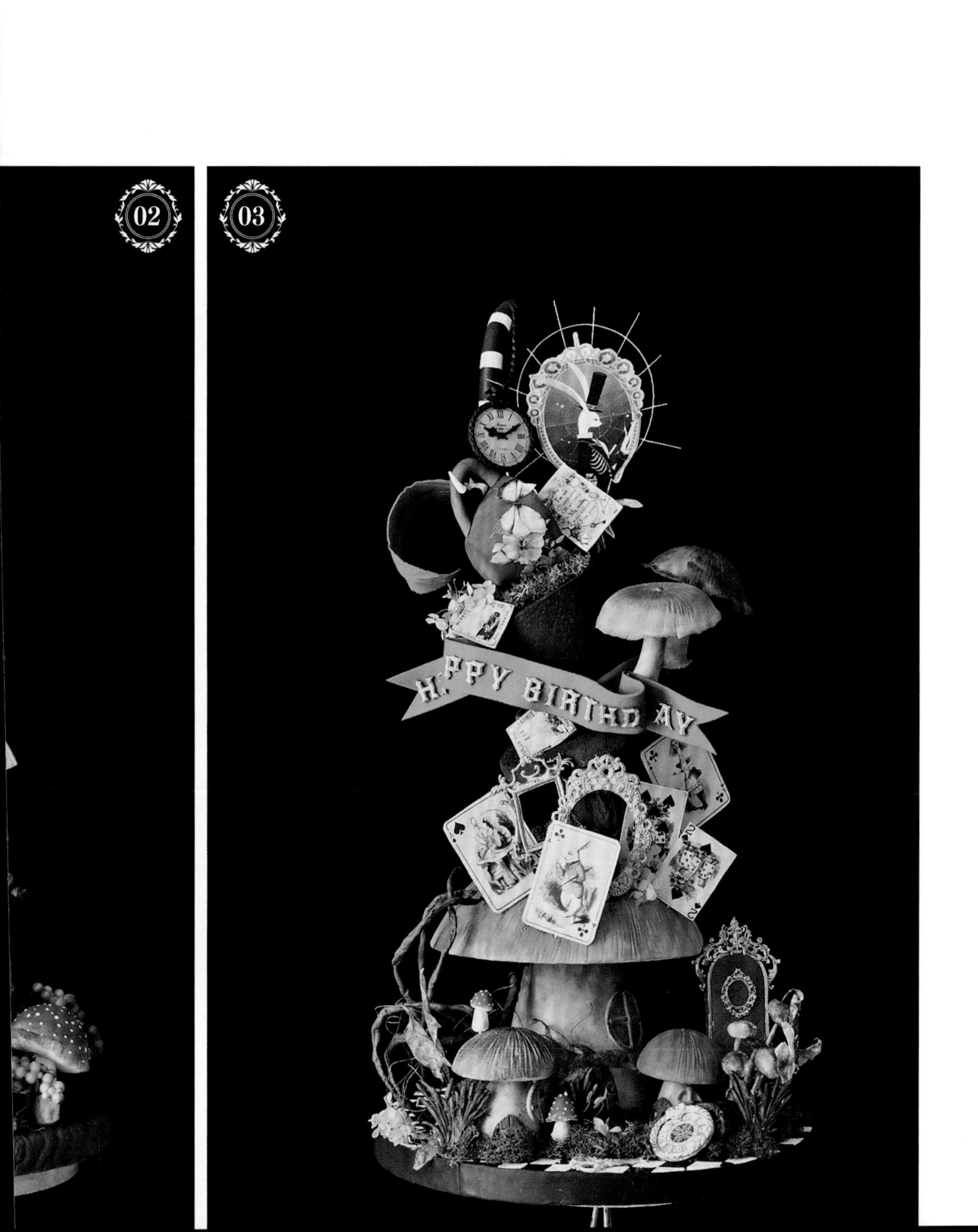
02
03
H PPY BIRTHD AY

HA
PPY BIRTHD AY
PPY BIRTHD AY

烟花游乐场
甜品台

场地设计图来自 DreamPark 婚礼企划上海站

烟花和游乐场会碰撞出什么样的火花？如果说游乐场主题已经是浪漫线索的保证，再加上烟花，就是让已经做了无数次游乐场主题的我们都会期待的元素集合。

从场地设计图中可以看到，烟花被具象成齿轮的形态四散开来，马匹从两边向烟花奔去，整体氛围华丽而浪漫。

关键词提取：
烟花/齿轮/木马

SissiCake 上海站作品

当场地设计图中的线索不够丰富时，需要自行丰富主题结构。虽然我们已经提取出了烟花、齿轮和木马这三个元素，但从形态上来说，烟花、木马不适合作为蛋糕的主体，更适合作为细节出现在局部。齿轮虽然可以作为结构支撑，但会让整个蛋糕偏向工业化的风格。因此这三个元素都比较单薄，不足以构建蛋糕，我们需要将线索拓宽，寻找相关的可以被采用的元素。

这个时候可以从婚礼的主题“烟花游乐场”这五个字切入，虽然场地设计图中没有直接出现，但我们可以根据主题延伸，把木马设计成旋转木马，进而把游乐场的概念具体化，这个时候就有了主蛋糕成立的结构前提。确定结构后，再插入之前确定的细节进行丰富。

第一个主蛋糕为创新型结构，用两个形状不同的旋转木马堆叠而成，作为蛋糕的主体，与此同时大大小小齿轮形状的烟花点缀在蛋糕的各个部位，穿插气球增加游乐场的氛围。

第二个主蛋糕忠实还原了场地设计图，以木马与烟花为主要构成元素，一个断裂的游乐园招牌斜插在地面用来增加呼应主题的趣味性。

第三个主蛋糕几乎保持了和第二个主蛋糕一样的结构和元素，彼此呼应。

总体说来，这三个蛋糕的结构俏皮而活泼，不管是歪斜的旋转木马还是游乐园招牌都充满了趣味。与此同时，在细节的打磨上，我们不断重复木马和烟花这两个元素。使三个蛋糕保持了很好的整体性。

除此之外，由于新人在上海相识、相爱、相守，因此希望这层情感因素在蛋糕的设计中能有所体现。最终我们通过城市建筑剪影的方式把线素融入蛋糕中，弱化严肃感，最大程度上减少对有游乐场趣味的主蛋糕的影响。

WEDDING

缤纷糖果
甜品台

比设计婚礼甜品台更有趣味性的，那就是设计小朋友的生日宴了，而这个糖果主题的甜品台无疑是笔者做过最可爱的甜品台之一。

从图中可以看到，甜品台区域设置在被各式各样的巨型冰激凌围绕着的橙色、蓝色与黄色的三根立柱上，可以说是浸入式的甜品陈列，不管是设计元素还是甜品台的摆放方式，都意味着这次的甜品台摒弃传统，融入场景，充满趣味。

SissiCake 深圳站作品

蛋糕线索可以全部从设计图中提取，冰激凌、糖果，西瓜、柠檬，甜甜圈、巧克力，其中既有适合搭建蛋糕构架的结构元素，也有可以用来丰富视觉的细节元素。与此同时纹理少、光滑干净的翻糖质感营造出明快轻松的氛围。

颜色上，保持和现场一致的缤纷感，避免平铺的大色块，将色彩分散到细节中。一般来说每个甜品台的设计都需要有一个主色调，但这一场需要避免绝对的领导色，而是强调色彩的多样性。

第一个主蛋糕通过结构的倾斜营造了甜点坠落的动态效果，倒挂的冰激凌筒，散落的甜甜圈和马卡龙都使蛋糕充满动感，蛋糕的打底图案元素宽条纹增加了童稚感。

第二个主蛋糕提取了第一个主蛋糕中的部分元素，结构上同样保持动感，主要图案变为滴落的奶油效果。

如何营造蛋糕的动态感？通过倾斜的结构，从顶部往下掉落的元素，把静态的蛋糕变为动态的。如果下次遇到元素丰富的小朋友的生日蛋糕，也这么试试吧！

02

CHOICE

童话公主游乐场
甜品台

场地设计图来自银禧婚礼

缓缓翻开童话书的书页，进入漂浮着热气球的乐园，城堡、木马，粉色的美梦徐徐展开——这个婚礼可以说是集齐了新娘喜欢的所有元素，毕竟，谁没有一个公主梦呢。

对设计师来说，这也是一个几乎完美的主题，元素丰富，风格明确，我们需要做的就是把美梦变成蛋糕。

关键词提取：
书本/热气球/木马/游乐园

SissiCake 深圳站作品

虽然这是一本强调设计感的书，但其实如果真实的婚礼蛋糕制作多了以后就会明白，主流的审美仍然是建立在中规中矩的浪漫元素上的精致风格。过于前卫和大胆的设计，多数是特殊案例。在真实的蛋糕制作中，不管是新人还是家里的长辈，更能接受的仍旧是更容易被理解的风格。

因此这次蛋糕结构的设计将传统和创新结合，不进行太多的结构颠覆构建。主色调采用粉色，金色和粉蓝色作为辅助色彩，突出公主的华丽和小女孩的浪漫。

第一个主蛋糕为自下而上、从大到小的传统型结构，蛋糕底座体现了马车的概念，突出了游乐场的氛围。接下来的主体用两个旋转木马衔接，顶部是旋转木马标志性的尖顶。两个热气球装饰在两侧，使蛋糕氛围更加俏皮活泼。

第二个主蛋糕融入了场地设计图中非常重要的元素之一：一本打开的童话书。但如果仅仅是一本打开的书，在造型和结构上会略微单薄。所以在打开的书本上，我们又加入了热气球的元素。最后将木马插在童话书前作为细节的补充。

第三个主蛋糕延伸游乐场的概念，用摩天轮作为主体。摩天轮非常适合出现在蛋糕里的一个原因在于它本身的形态，它是一个可以独立存在且非常完整的概念。

因此，在一个游乐场主题里，摩天轮作为蛋糕的主体之一是非常理所应当的选择。最终这些元素共同营造了一个完整的氛围。

设计的难点之一在于，有些同学可以把所有关键词提取出来，但没有办法把这些元素合理地安排到一个比较理想的位置。在这个案例中，新娘想要的是充满少女心和公主梦的浪漫感觉。最终设计出来的三个蛋糕，其实是抓住了一场婚礼中的不同的点进行延伸和组合，即便在同一个框架和主题中，也各有特色，但最终构成的是同一个完整的概念。

白绿小清新
甜品台

场地布置图来自小井婚礼

清新的白绿色系，简约的韩风设计，是近年来采用率非常高的婚礼主题。一般来说，这样风格的蛋糕其结构都会采用传统型并用花朵进行装饰。因为选择白绿小清新这种婚礼风格的新人，他们的审美一般偏向于保守与简约。所以如果没有太多的创新和突破，也不是很大的问题。

从场地布置图可以看出，整场婚礼的设计简单而高级，只有两个比较突出的特殊元素，一个是鸽子，另外一个是装饰背景中旋转的弧线。如果按照常规思路来设计，婚礼蛋糕大概率是一个有花朵装饰的传统型结构，周围用弧线以及鸽子元素进行环绕点缀。

那么如何在这样的主题中寻找突破口，达到设计创新与新人喜好两者之间的平衡，是这个案例要解决的问题。

关键词提取：
鸽子/弧线/简约

SissiCake 郑州站作品

设计团队决定把创新的部分放在结构上，采取具有动感的跳跃性结构与弧线的元素呼应，但通过传统而精细的细节装饰，使蛋糕在采用创新型结构的同时整体仍然保持优雅和简洁的氛围。

大家注意的地方在于，白绿色系的婚礼甜品台需要保证以白色为主色调，绿色作为辅助色点缀，在色彩上保持干净。

第一个主蛋糕在传统结构的基础上增加了几何的形态和弧线，与此同时保持简约，整体线条流畅而精致，鸽子从花丛中飞舞出来向上延伸，也构成了围绕蛋糕弧线的一部分。蛋糕的细节以糖霜花纹与糖花点缀，平衡了几何线条带来的大胆跳跃。

第二个主蛋糕继续用弧形的线条营造环绕感，最高的一根立柱上用金线勾勒出亲密爱人侧脸的线条，这样的装饰方法适合简约风格的蛋糕，会带来高级的质感。细节部分同样用糖霜花纹和糖花来点缀。

第三个主蛋糕相比较前两个来说有着更多糖花与糖霜的细节，与此同时弱化了弧线元素，鸽子成为贯穿蛋糕的主要线索。

在一场传统且简约的婚礼中，我们也可以做一些创新的东西出来。难点在于在创新的同时仍然保持和婚礼风格的统一。平衡两者关系的重点在于结构上的跳跃，需要与细节的简约传统相结合。也就是说，在蛋糕的某个方向上创新，在其他方向保持传统，这样局部的小小越界更能让新人接受，也保证了设计上的进步和惊喜。

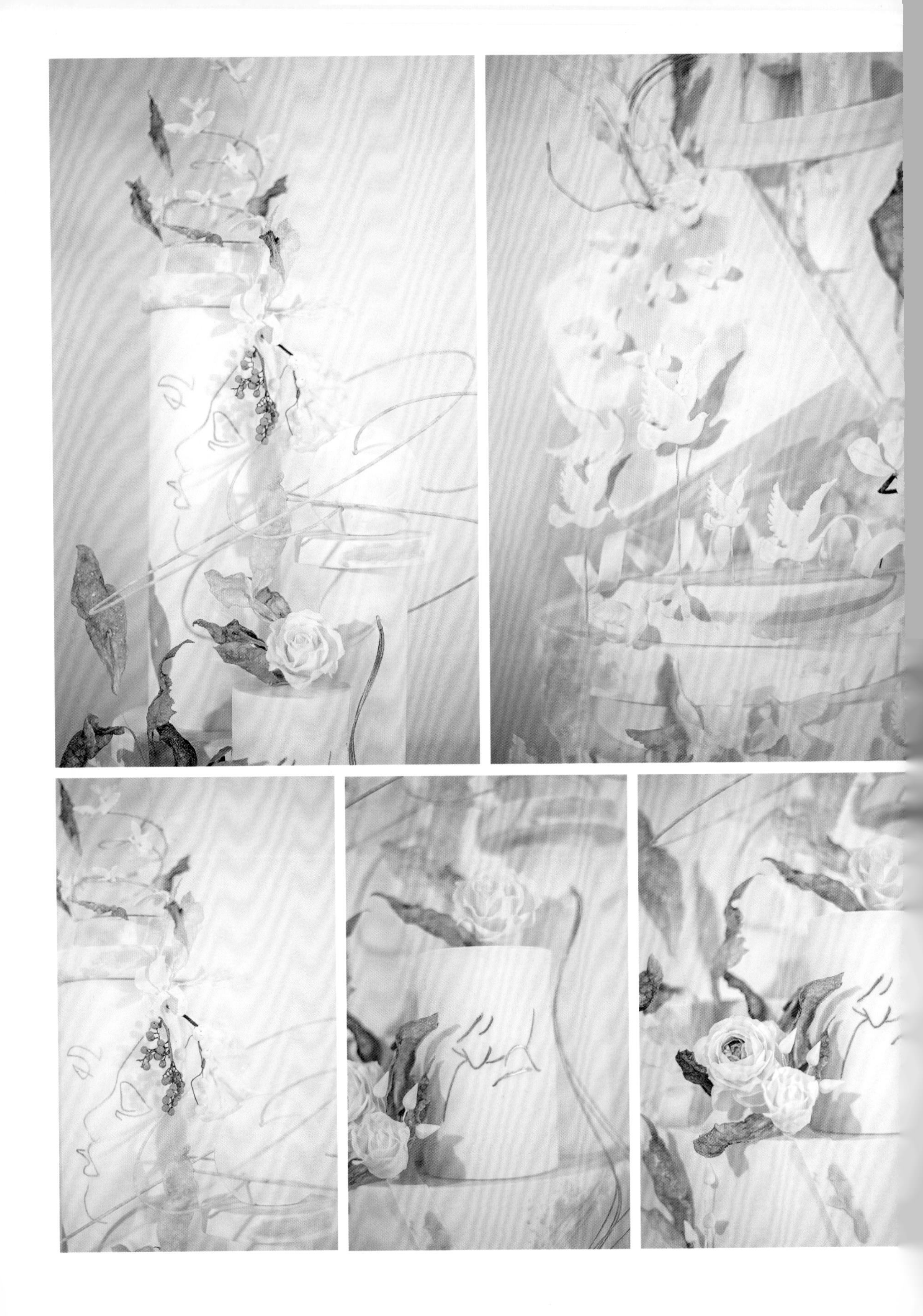

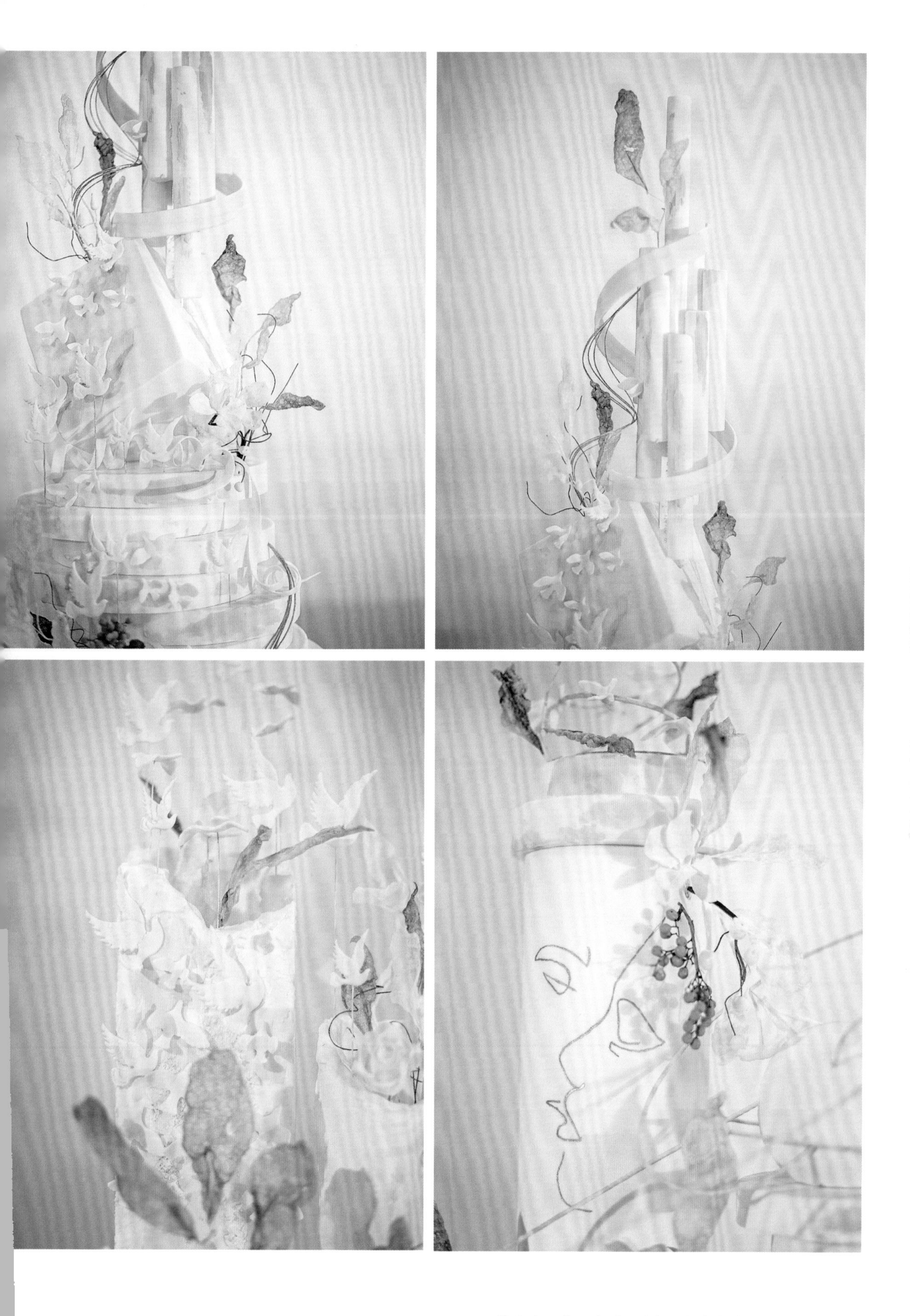

中式新古典主义
甜品台

场地布置图来自 FANCYLAND

传统的中式风格我们做过很多，如何利用中式元素进行蛋糕装饰也已经有了非常多的案例，中式新古典主义风格虽然也属于中式，但和传统中式的设计思路非常不同。

这一次的场地布置图中可抓取的元素不多，比较有特色的两个点，一是色彩的明艳对比，深绿与玫红的碰撞；另一个是椅背上的印花元素。

关键词提取：
新古典主义中式

SissiCake 上海站作品

玫红与深绿的搭配，注定了蛋糕设计的方向要摒弃传统，大胆的撞色需要同样大胆的骨架来支撑。玫红的妖艳与深绿的静谧相对比，与此同时加入黑色的印花元素，让蛋糕碰撞出不同于传统中国风的时髦复古效果。

蛋糕结构摒弃传统，跳脱具体务实的中式形态，转向抽象的艺术结构。图案的精致收敛与结构的不羁张扬相结合是这次的主要设计思路。

第一个主蛋糕有相对规则而方正的主体，但最终的风格其实是由蛋糕四周的三种线条决定的。分别是复古的铁艺图案、绿色的藤蔓以及盛开的玫红糖花，在绿色藤蔓的尾端则是被抛到空中的三个金色复古茶杯，这些并不相关的元素与质感和张扬蔓延的线条一起定格成了最终冶艳的组合。

第二个主蛋糕模仿中式园林植物的概念，蛋糕底部是类似于花盆的容器，顶部几何形态与植物结合，花朵同样保持冶艳感。

第三个主蛋糕使用了不规则的残缺蛋糕体，大片的印花加上延伸的、不规则的

花朵。左上角和右下角形成了有趣的对比。

如果说在之前的案例中我一再强调蛋糕之间的线索呼应，那么这一次的设计则是另一种思路。三个蛋糕在元素上大相径庭，除了花和印花，其他每一个应用遵循的规则都是没有规则——野蛮生长，打破框架。这样的风格基础是由大胆的配色奠定的，玫红和深绿标志着无序的美与狂野，于是三个蛋糕不需要和场地布置呼应，不需要相互之间有线索呼应，只需要自成一体，完美地一起融入场景中。真是一场淋漓尽致的中式新古典主义玩法。

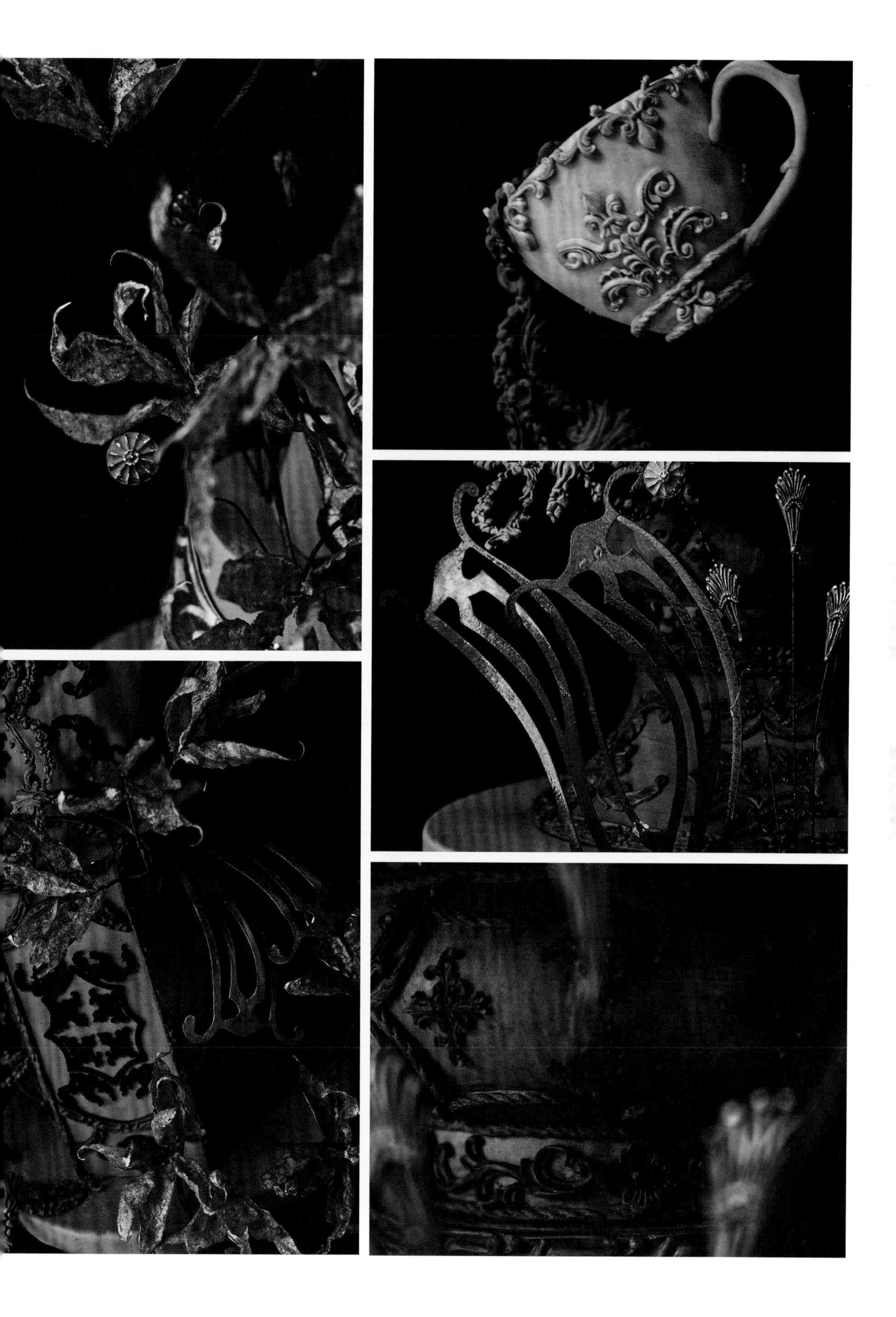

简笔画欧式宝宝宴
甜品台

这个只有黑与白，严肃到极致的欧式风格的场景布置图，是一场宝宝宴的设计。

那么，设计师应该设计一套正统而华丽的欧式蛋糕吗——当然不是。能给自家小朋友办出这种不按常理出牌的生日宴的家长一定不是中规中矩的人。

这一次我们自行加入了关键词：达利——一位异想天开的天才。

关键词提取：
简笔画/宝宝宴/达利

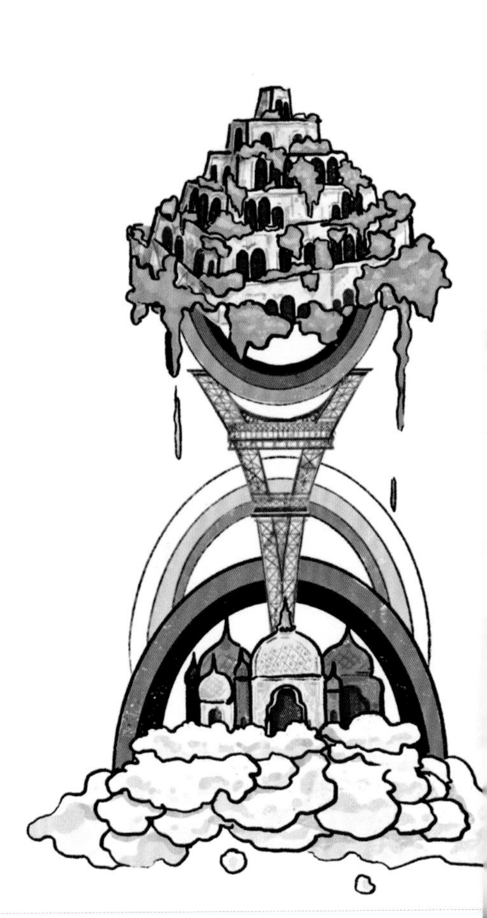

SissiCake 上海站作品

在设计之前我们了解了一下这次的设计背景，初始版本是一个游乐场主题的宝宝宴，后期客人想加入欧式建筑的元素。所以最终版本既是游乐场，又是欧式建筑，还是简笔画风格。

欧式建筑华丽精致，游乐场生动活泼，怎么把这些元素糅合在一起，而且做得好看、好玩，符合宝宝宴的气质，是一个很大的挑战。

于是我们决定向艺术大师达利致敬，用超现实主义的手法来设计蛋糕。抛弃真实世界的逻辑，进入奇思妙想的无序美梦中。

在达利的世界里，摩天轮在房顶，托着热气球的欧式建筑长满棒棒糖，小女孩拉着伞要飞起来。

埃菲尔铁塔倒插在莫斯科城堡中，托起一座云端的城池。

小朋友的波点皮球滚进了倒塌的古希腊建筑中，过山车的轨道飞向天空，巨大的蝴蝶结和先贤们出现在同一片云中。

三个蛋糕的设计，仿佛进入了达利怪诞而生动的梦境，时光扭转，空间倒置，在超现实主义的情境中，我们终于将几种风格迥异的元素结合在一起，创造出了一个不按常理出牌的宝宝宴甜品台。

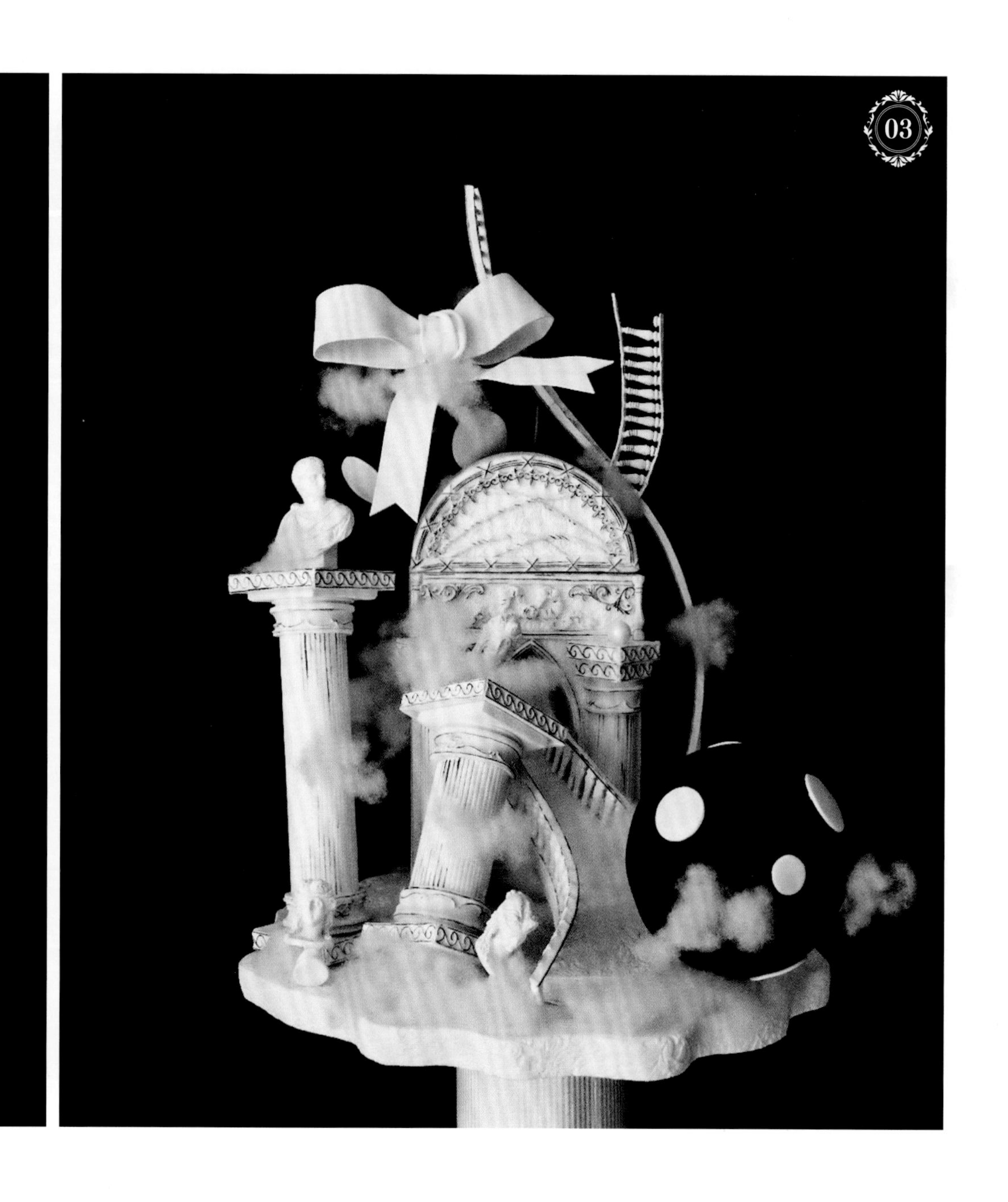

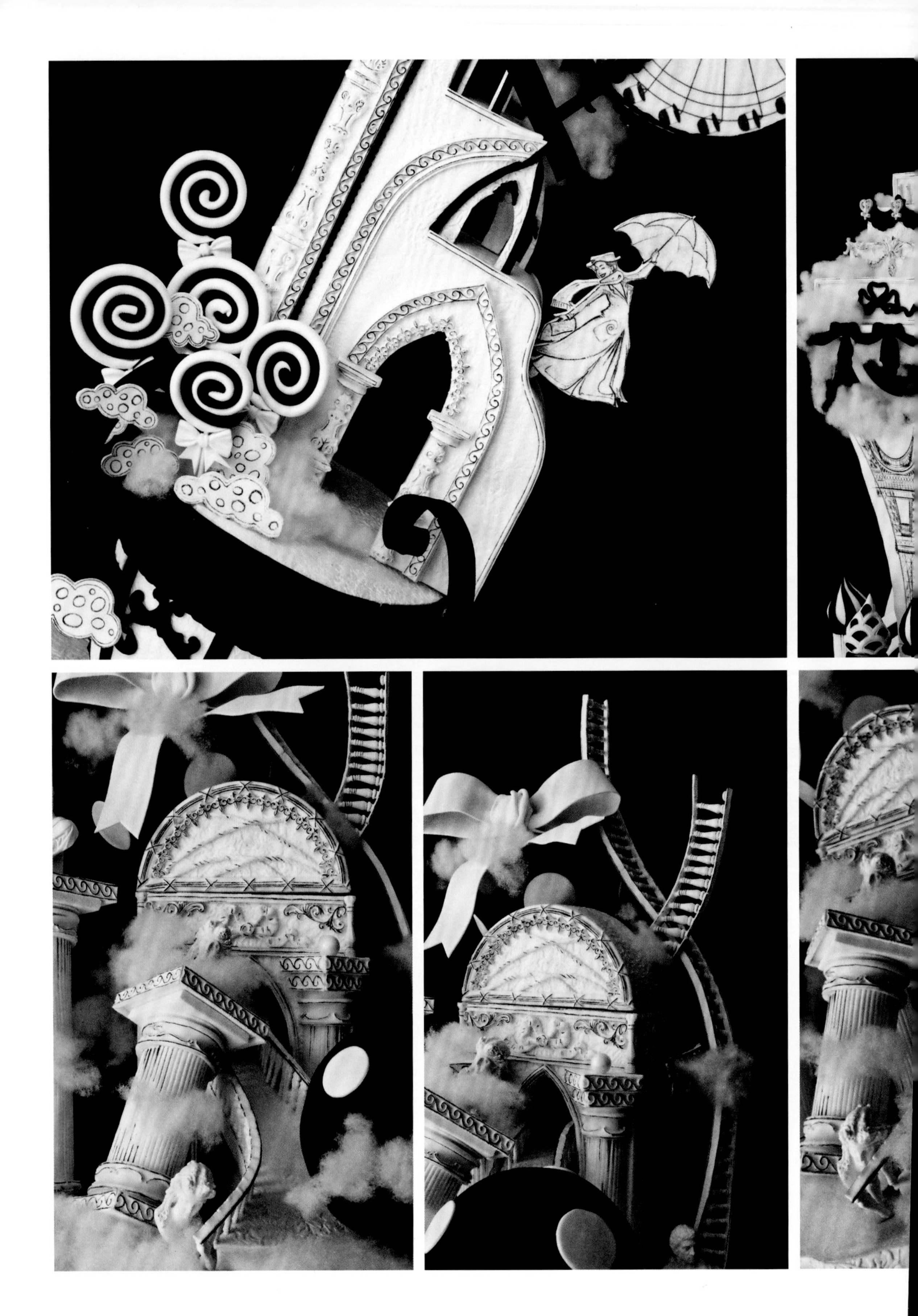

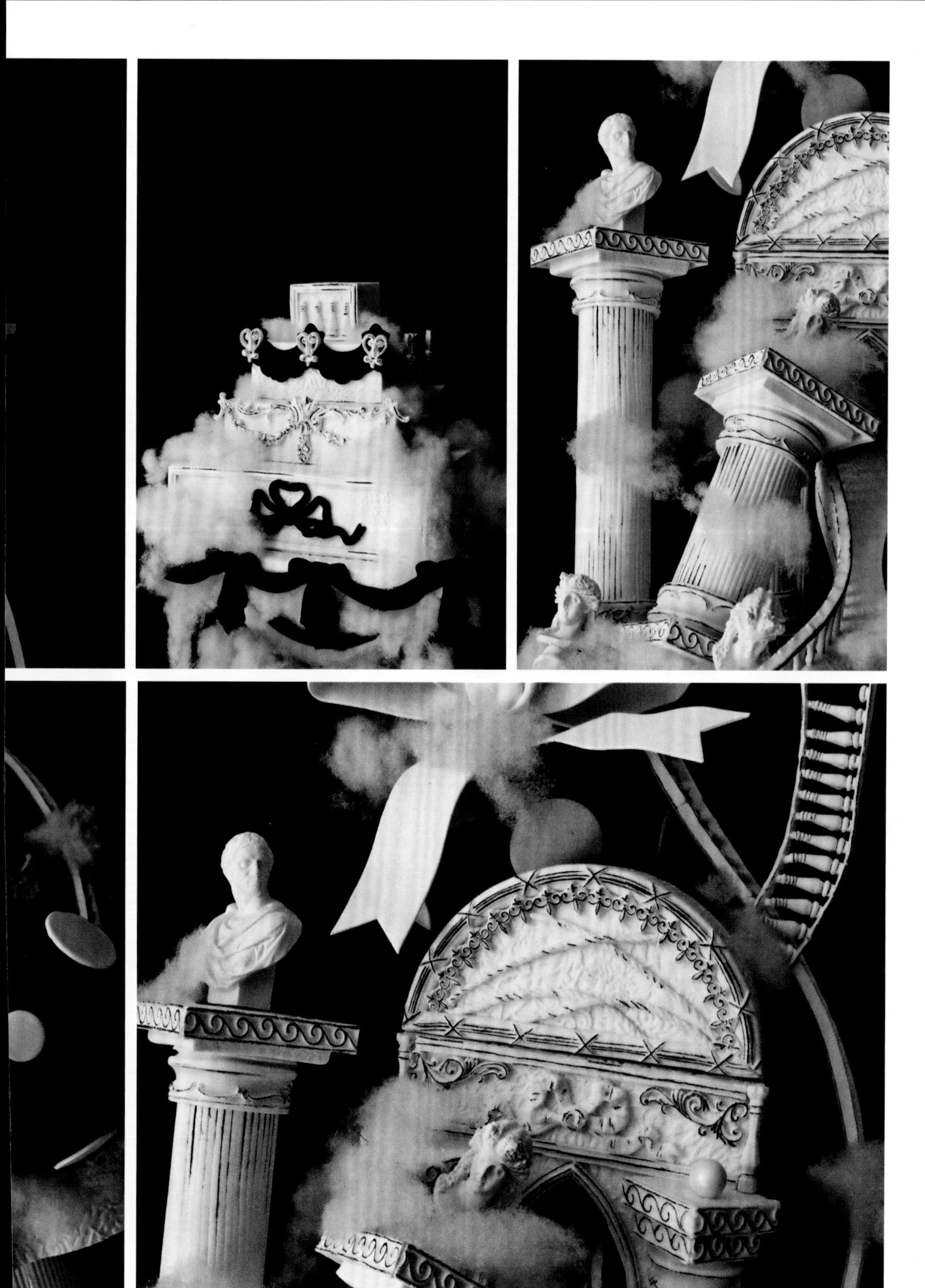

奇幻海底世界
甜品台

场地设计图来自 24RED 婚礼策划

这一次的奇幻海底世界甜品台把童话风格和海洋风格结合在了一起。从场地设计图可以看出，场地的元素非常丰富，而且因为场地布置的华丽和丰满，注定了蛋糕的设计也需要有极为丰富的细节。婚礼和婚礼甜品之间的关系，除了线索的呼应，风格的统一，很重要的一点在于丰满程度的一致。即便使用了相同的元素，如果婚礼布置很“满”，而蛋糕设计很“空”，它们在这个维度上也是不和谐的。

关键词提取：
海底植物/海底生物/奇幻蘑菇

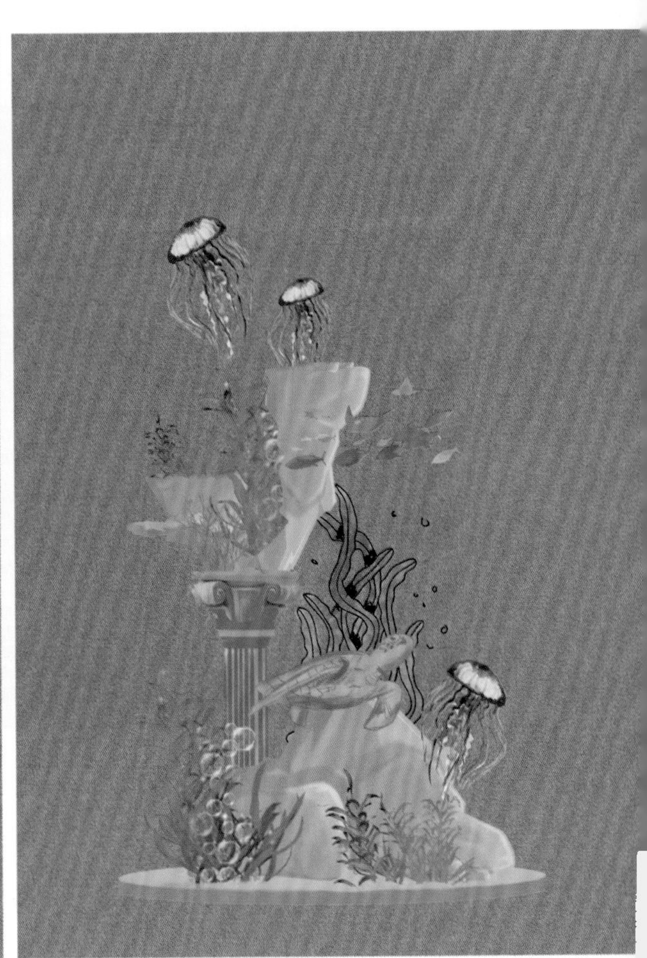

SissiCake 上海站作品

在结合场地布置来设计主蛋糕时，我们需要找到这一场婚礼中最适合成为蛋糕结构的元素。一个元素是否能成为蛋糕的构架，和它的形态有很大的关系。除了本身的形状有支撑的可能性，还需要符合这场婚礼主题的逻辑，成为故事性表达中的一环。

在奇幻海底世界主题中，有两个比较适合成为结构构架的元素，一个是海底岩石，一个是场地设计图中出现的海底建筑遗迹。这两个元素在形态上可以很好地配合支撑，与此同时也符合海底世界的故事表达。

第一个主蛋糕以底部的巨石、中部的欧式立柱和顶部的岩石作为骨架，在这个基础上延伸出了水草、海龟、珊瑚、蘑菇，顶部以三只漂浮的水母作为收尾，强调了一种自下而上游动的动态感。

第二个主蛋糕同样以岩石与欧式建筑为骨架，比起第一个主蛋糕，建筑占了更多的比重，打造了水下城堡的概念，将人类文明和自然生物结合在一起，鲸鱼穿梭游走在断壁残垣中。

第三个主蛋糕继续元素的重复，提取部分元素进行重复是设计系列蛋糕时的常用方法，特别是当我们想要保持几个蛋糕的统一性时。

这个甜品台的设计思路非常清晰，首先找到骨架，然后增添细节，岩石和建筑是骨，其他的元素是肉，让蛋糕有骨有肉显得丰满。这种方法在线素十分丰富的时候非常实用，确定结构后将细节元素无限叠加，最终达到满意的效果。

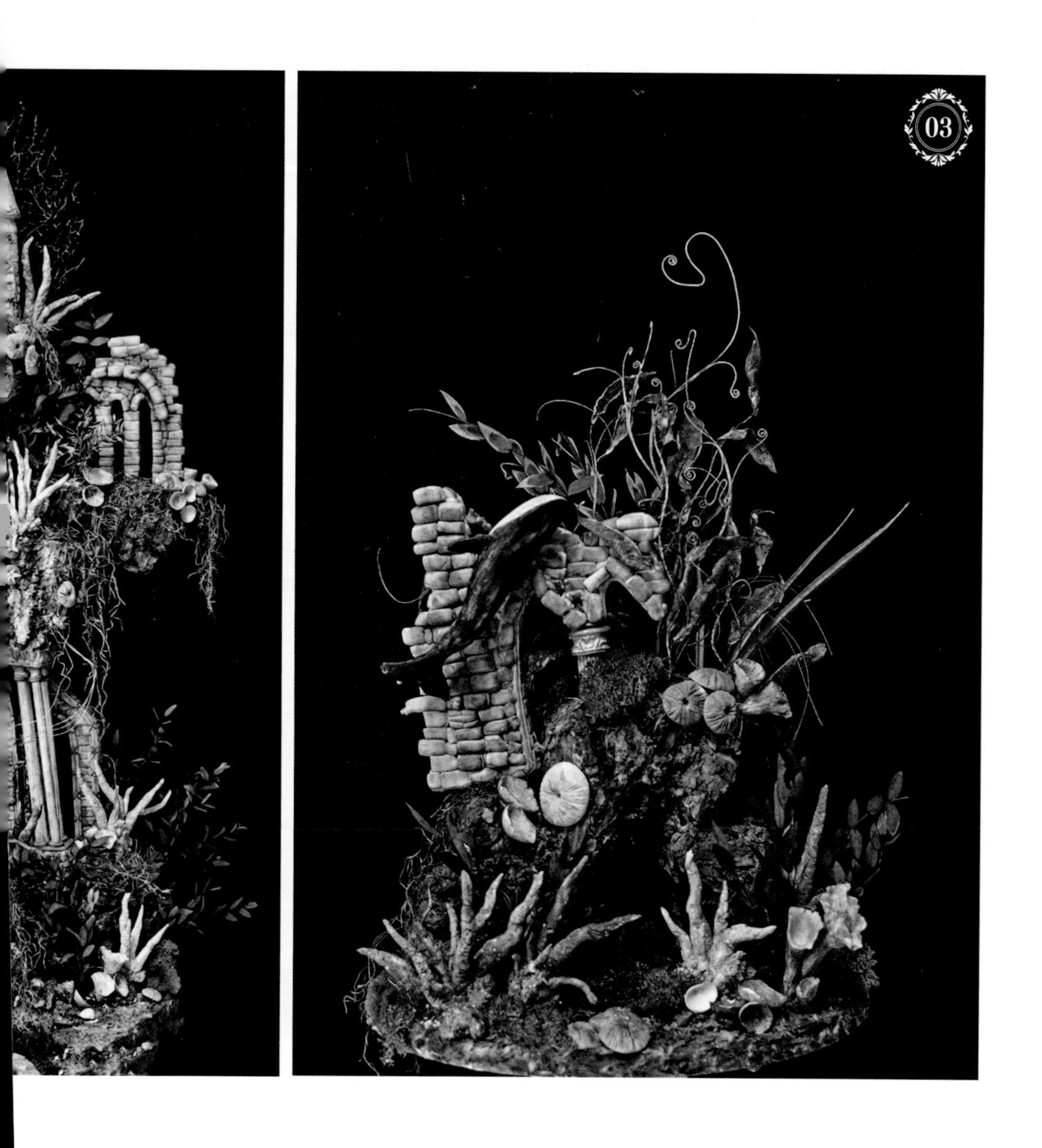

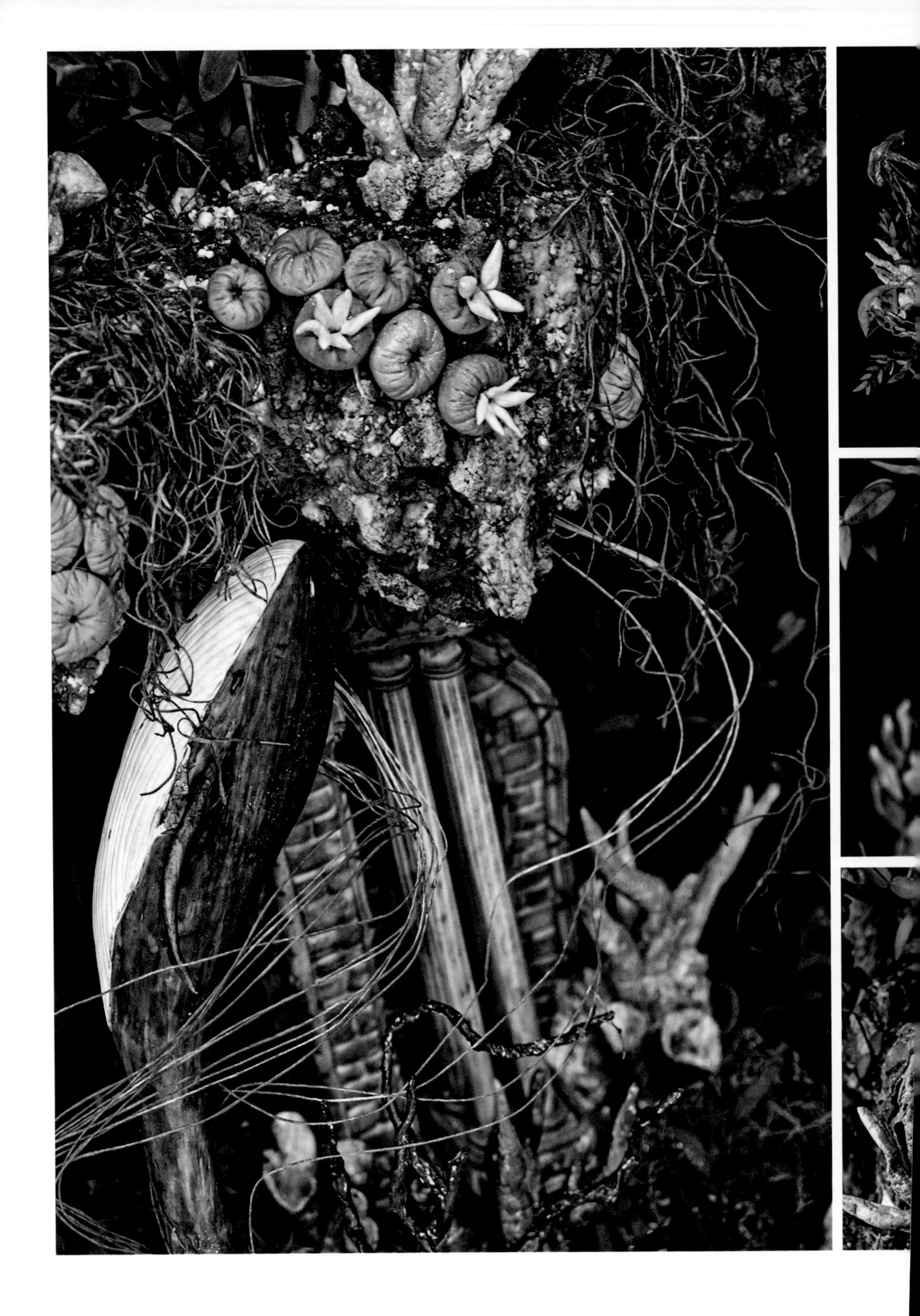

山海经
甜品台

场地设计图来自 DNA 婚礼记

当遇到一个抽象的命题，应该如何去设计？这恐怕是可利用元素最少的一场特殊主题的婚礼，作为一本充满荒诞离奇动物的神话著作，《山海经》这本奇书里所描述的形象既不存在，也不适合放在婚礼中，我们所能把握的，只有从婚礼场地设计图中了解到的风格。

关键词提取：
《山海经》

这个蛋糕设计的难点在于结构，我们想要的最终效果也是“抽象”的，和现场的布置保持一致——没有明确的元素，没有明确的支撑。比起其他蛋糕结构的“实”，这次我们追求的是“虚”，无法被描述，也无法被概括，各种抽象的意象缠绕在一起。

第一个主蛋糕的底部采用火浪造型，火浪中生出一棵扶桑树向上延伸至不规则的火鸟造型，手工的火焰羽毛营造出蔓延的效果。燃烧的火焰继续延伸到顶部，用有复古印花图案的扇面收尾，一条龙自下而上地游动其中。

第二个主蛋糕的底座是倒立的山，顶部则是由鱼尾、火焰、扶桑树、花朵共同组成的团状物。

这个蛋糕的设计思路重点是缠绕，用不同质感和形状的元素缠绕在一起，避免显得过于具体和有框架感，以抽象元素表达抽象，这就是我们所理解的《山海经》。

02

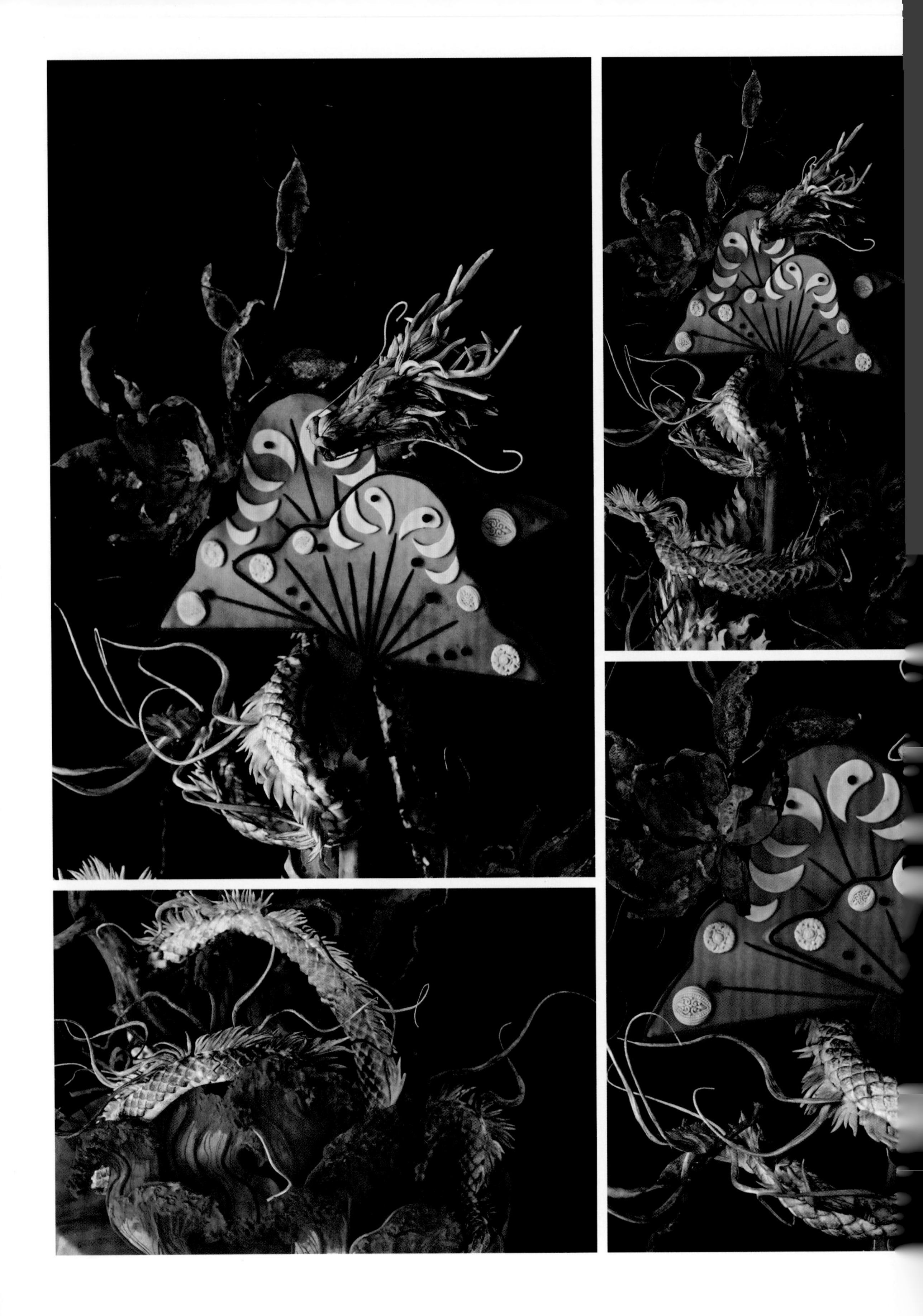

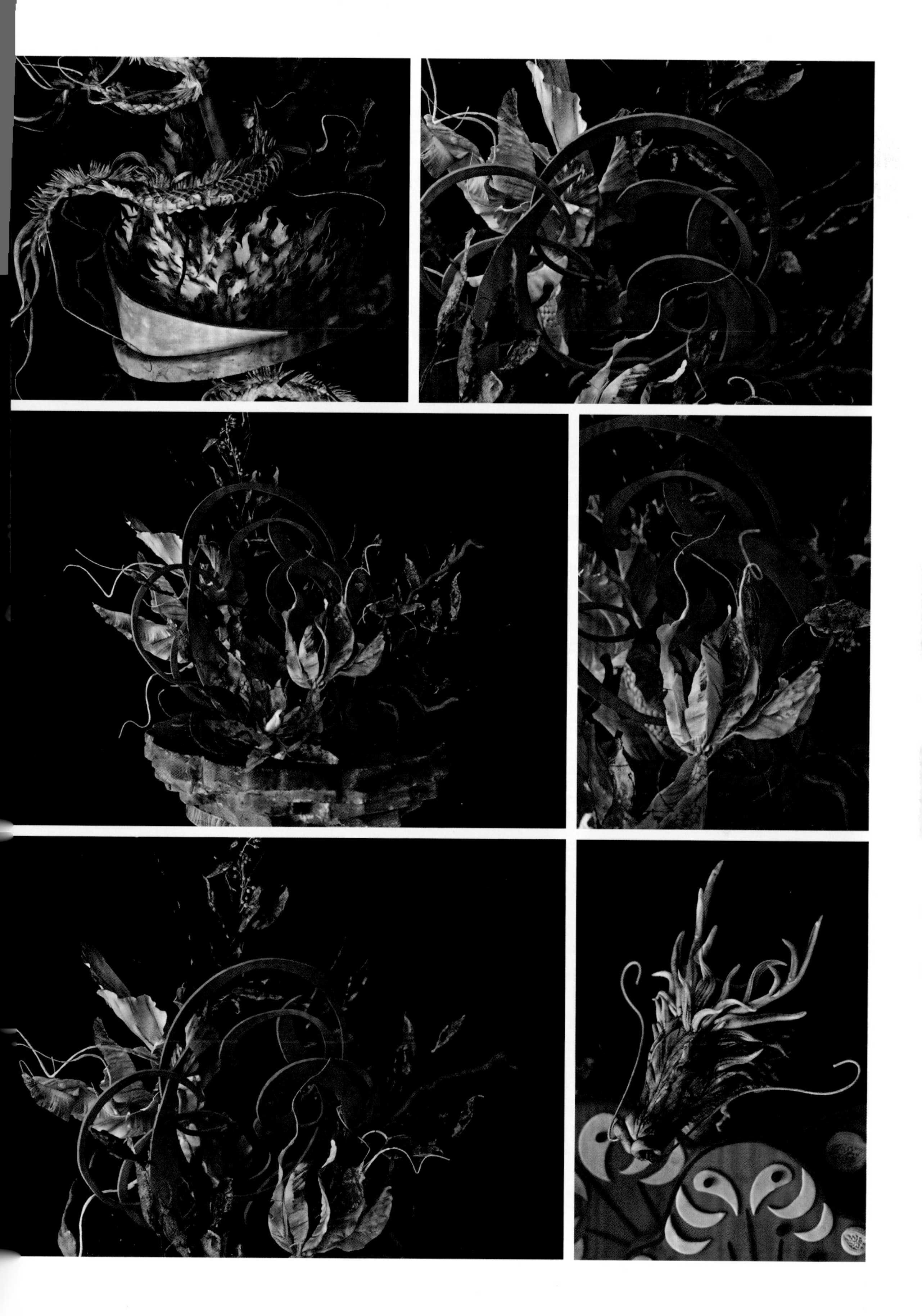

流光溢彩
甜品台

场地设计图来自郑州达达婚礼策划

这一个案例想跟大家分享的是如何运用场地设计图中的图案与图形线索来设计蛋糕。

当我们遇到故事性丰富的婚礼时，很少需要仔细提取场地设计图中的图形和图案，因为已经有足够的线索可以使用，比如像爱丽丝梦游仙境或者美女与野兽这样的主题，相关电影和设计都提供了大量的素材。

而这一场婚礼中缺少一个明确的主题，我们可以从场地设计图中提取出来的线索只有三个。

SissiCake 郑州站作品

场地设计图提供的元素有两个方向，一个是形状元素，大大小小的圆形以及椭圆。另外一个是色彩元素，金色点缀下红色的变化与流动好像星河一般。

根据前者可以确定蛋糕的结构，根据后者可以确定蛋糕的色彩与质感。

这将是一场完全从场地设计图出发的设计。

第一个主蛋糕，顶部以圆环收尾，整个蛋糕体使用线条贯穿始终，连接蛋糕的上半部分和下半部分，使整体的造型具有流动感。与此同时用翻糖和糖霜制造出了鎏金的质感。和现场一样风格的花朵装饰自下而上随着流线点缀分布。

第二个主蛋糕运用了圆形的各种形态，除了顶部一大一小两个完整的圆形，蛋糕的中部截取了圆的部分，两个半圆套在一起作为蛋糕的主体，流线型线条连接了蛋糕的上下部分，糖霜和花朵完成质感和细节上的处理。

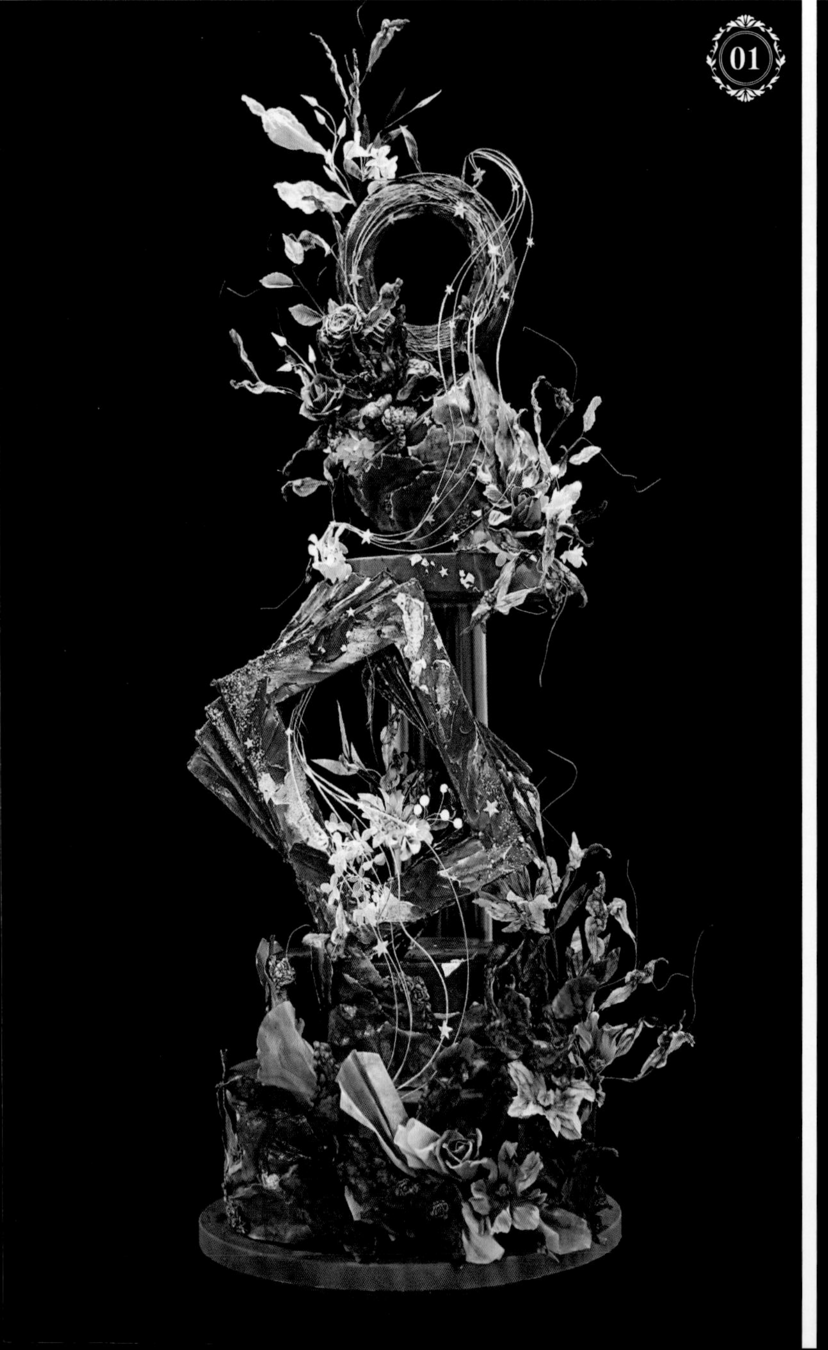

第三个主蛋糕整体设计比前两个蛋糕更加大胆且生动，底部用三个圆环交错摆放，顶部的流动感更加的强烈，大量金线用来勾勒和重复蛋糕体的轮廓。

这次蛋糕设计除了形状上的把握，最重要的是表现出流光溢彩的感觉——结构上的流动感，材质与色彩上的绚烂。在没有特殊元素的前提下，最大化地利用场景布置，让蛋糕设计与婚礼现场交相呼应。

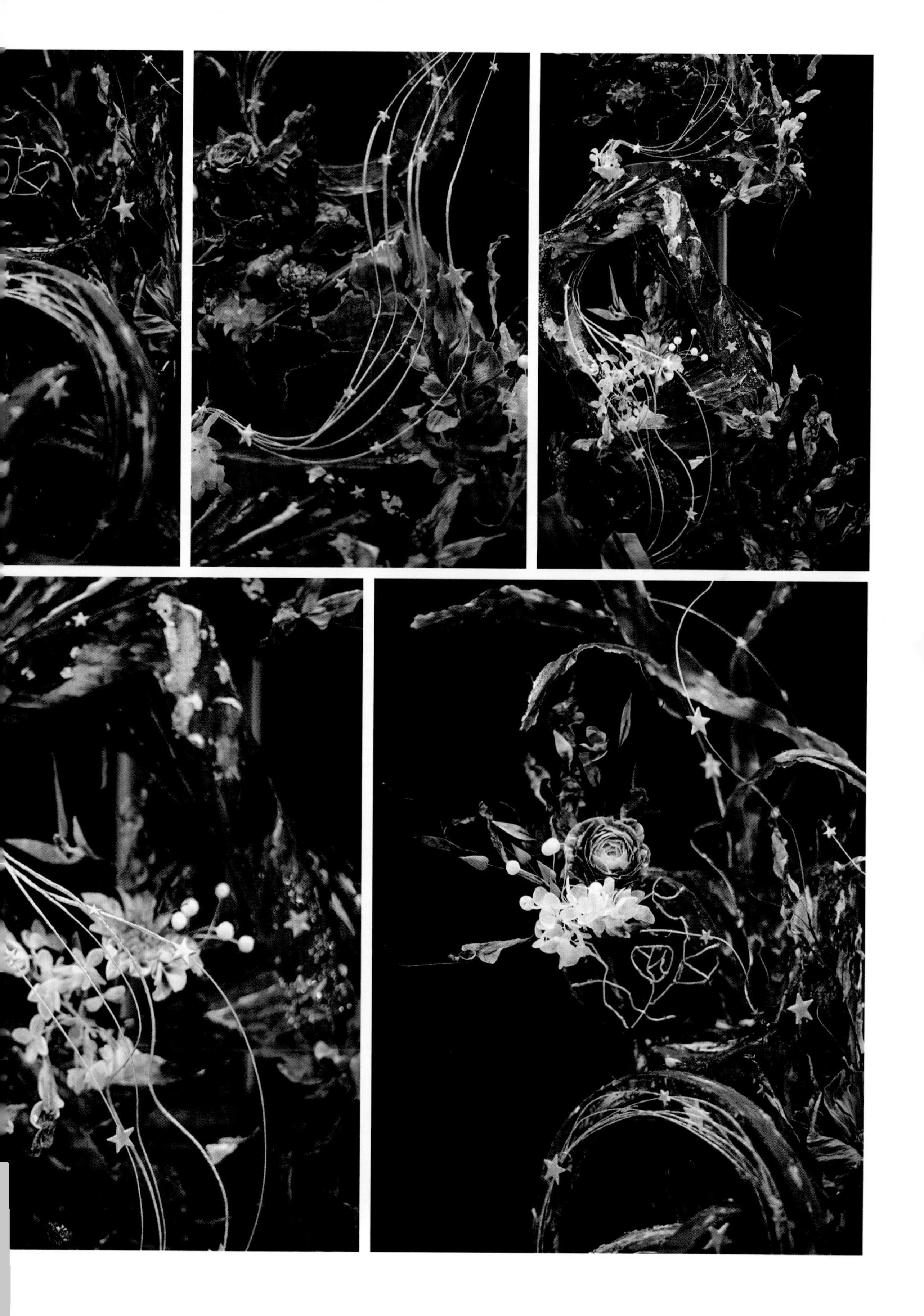

茶餐厅主题蛋糕

田鸿杰生日蛋糕设计

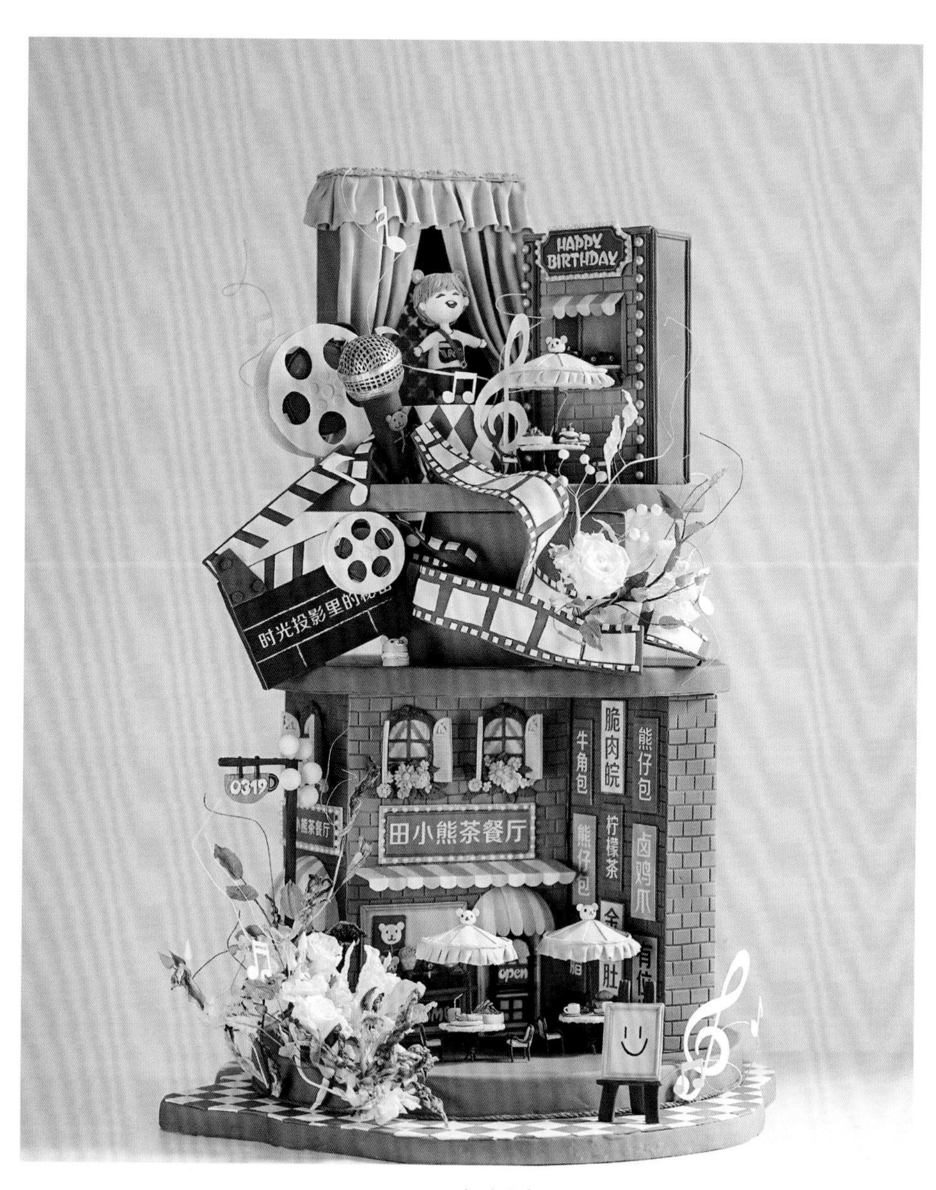

SissiCake 郑州站出品

这是为气运联盟乐团的主唱田鸿杰设计的生日蛋糕。由于田鸿杰非常喜欢之前活动时后援团为他准备的一面茶餐厅主题的花墙，因此我们这次的蛋糕设计就以这面花墙为线索。

花墙以港式茶餐厅为主体，模仿了茶餐厅墙上悬挂的招牌菜名，与此同时也有色系线索（绿色）和图案线索（格纹），我们需要做的就是把这些元素运用到生日蛋糕上。

整个蛋糕被设计成一栋建筑，一楼是以田鸿杰的昵称“田小熊”命名的茶餐厅，户外区域通过桌椅、遮阳伞、路灯和招牌营造出强烈的场景感。墙壁上有打开的窗户以及悬挂的菜名。二楼设计成餐厅里的舞台，卡通形象的生日男孩在表演，用音符和巨型麦克风强调音乐属性，《时光投影里的秘密》则是田鸿杰曾经出演过的电影，特意加入的胶卷元素让上下两层的衔接更加生动和自然，蛋糕底座呼应了花墙上的格纹元素，最后再加入糖花增加精致感。

TIPS

蛋糕的各处还埋藏了很多“小熊”的惊喜哦。

HAPPY
BIRTHDAY
时光投影里的秘密
牛角包
脆肉皖
烧腊
熊仔包
柠檬茶
田小熊茶餐厅
田小熊茶餐厅
卤鸡爪
有位坐
金钱肚、柠檬茶

open
0319
田小熊茶餐厅
脆肉皖
牛角包
柠檬茶
熊仔包

卤鸡爪

有位坐

脆肉皖
牛角包
熊仔包
田小熊茶餐厅
熊仔包
柠檬茶
卤鸡爪
有位坐

滑板少年主题蛋糕

王一博生日蛋糕
设计

王一博在参加《这就是街舞》的录制时，导演组为了给他一个惊喜，特意准备了生日蛋糕。要求是结合他的爱好以及凸显《这就是街舞》这个节目。这位热爱赛车、滑板、摩托车、乐高，以及跳舞的少年，我们该如何为他设计生日蛋糕呢？

蛋糕的底板由不规则的赛车赛道构成，由于赛道经常出现在儿童玩具中，整个蛋糕的主体就势都由乐高积木构成，就像一个巨型的乐高作品。印有王一博名字的滑板倾斜地放在乐高积木的顶部，可爱版的王一博形象穿着《这就是街舞》里的服装，看起来好像要向左边的摩托车飞去。整体的蛋糕概念力求杜绝中规中矩的结构，通过积木的搭建，在合适的位置安置恰当的元素。比如顶部的滑板，魔方上的摩托车，与积木相契合的滑板赛道，成功地将王一博的爱好融入庆祝的环境。

SissiCake 上海站出品

YIBO

YIBO

STREET DANCE OF CHINA

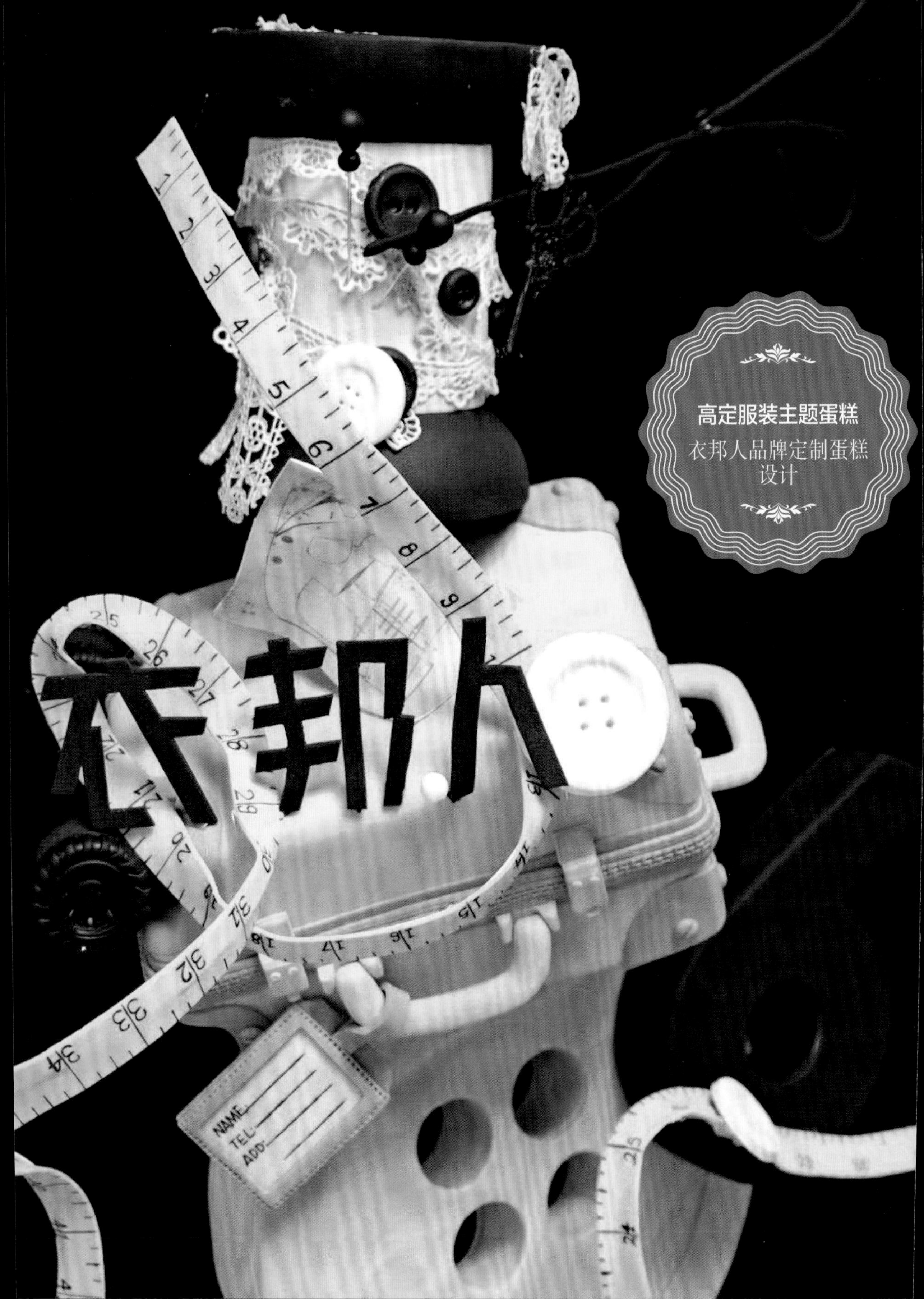
高定服装主题蛋糕
衣邦人品牌定制蛋糕设计
衣邦人
NAME
TEL
ADD

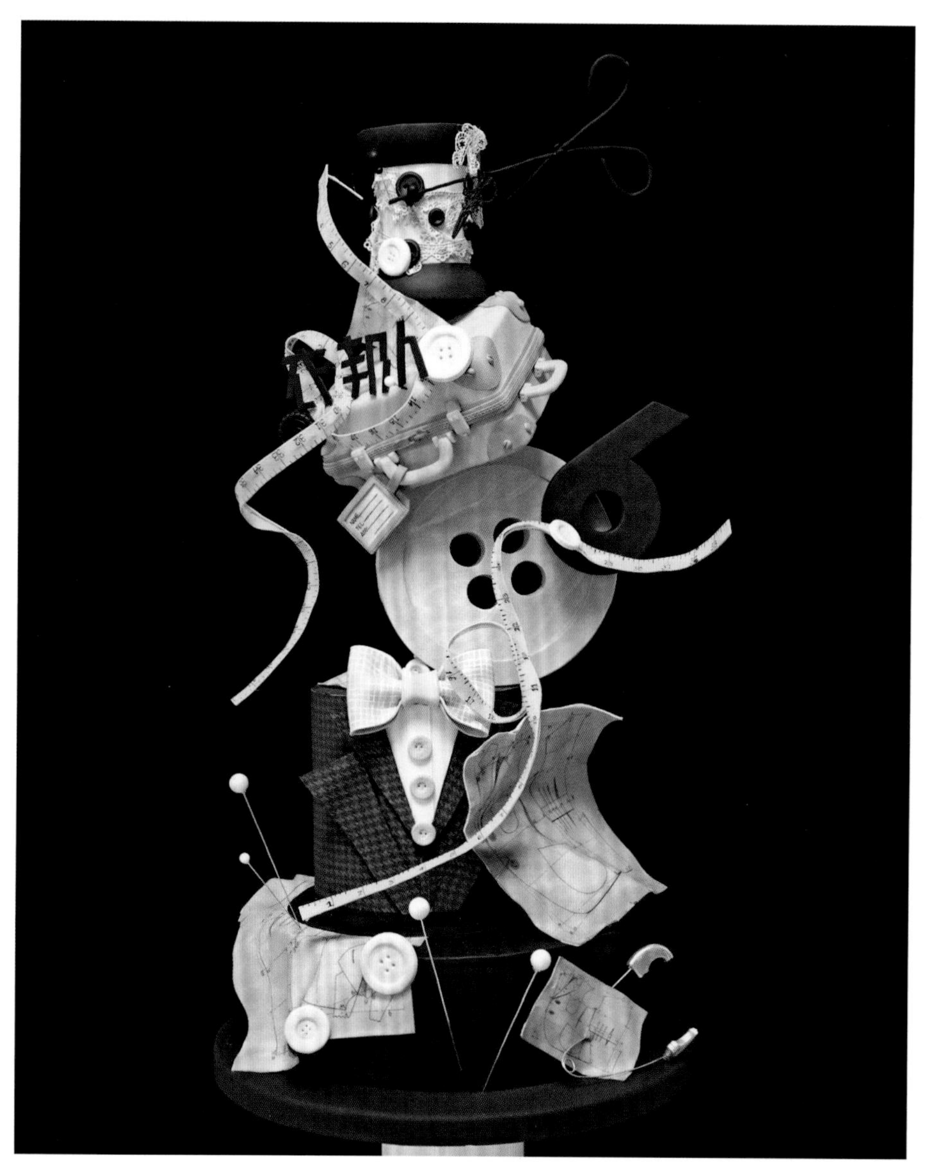

SissiCake 上海站出品

由于翻糖蛋糕的特殊造型属性，我们常常能接到商业品牌的订单，一般来说这样的订单有两种设计思路：要么需要体现品牌形象和品牌内涵，要么需要展现品牌创立至今所取得的成绩。

衣邦人是一个定制高级服装的男士西服品牌，此蛋糕是为了六周年的庆祝而准备，品牌主色调为蓝色，客户需求是体现出品牌高定的质感，兼具品牌发展的活力。

蛋糕的主要色调为深蓝色，辅以复古的香槟色以及跳跃的明黄色。深蓝作为主色调代表着专业、沉稳、冷静的形象，使用男士西装中最为常见的深蓝色也更容易让人理解品牌的调性。明黄色的加入可提亮整个蛋糕，让品牌形象更富有活力。在元素上，我们直接复刻了西装的细节来给蛋糕定性，表明品牌范围。与服装定制相关的线索：针、线、皮尺、剪刀、纽扣、设计稿，可作为蛋糕的细节及结构补充。

巨大的深蓝色数字6与品牌中文名分别放在香槟色的纽扣与黄色的箱子上凸显主题，飞舞的剪刀，环绕而上的卷尺，翘起的设计稿，倾斜的公文包，使整个蛋糕充满了动感与活力。

衣邦人
6

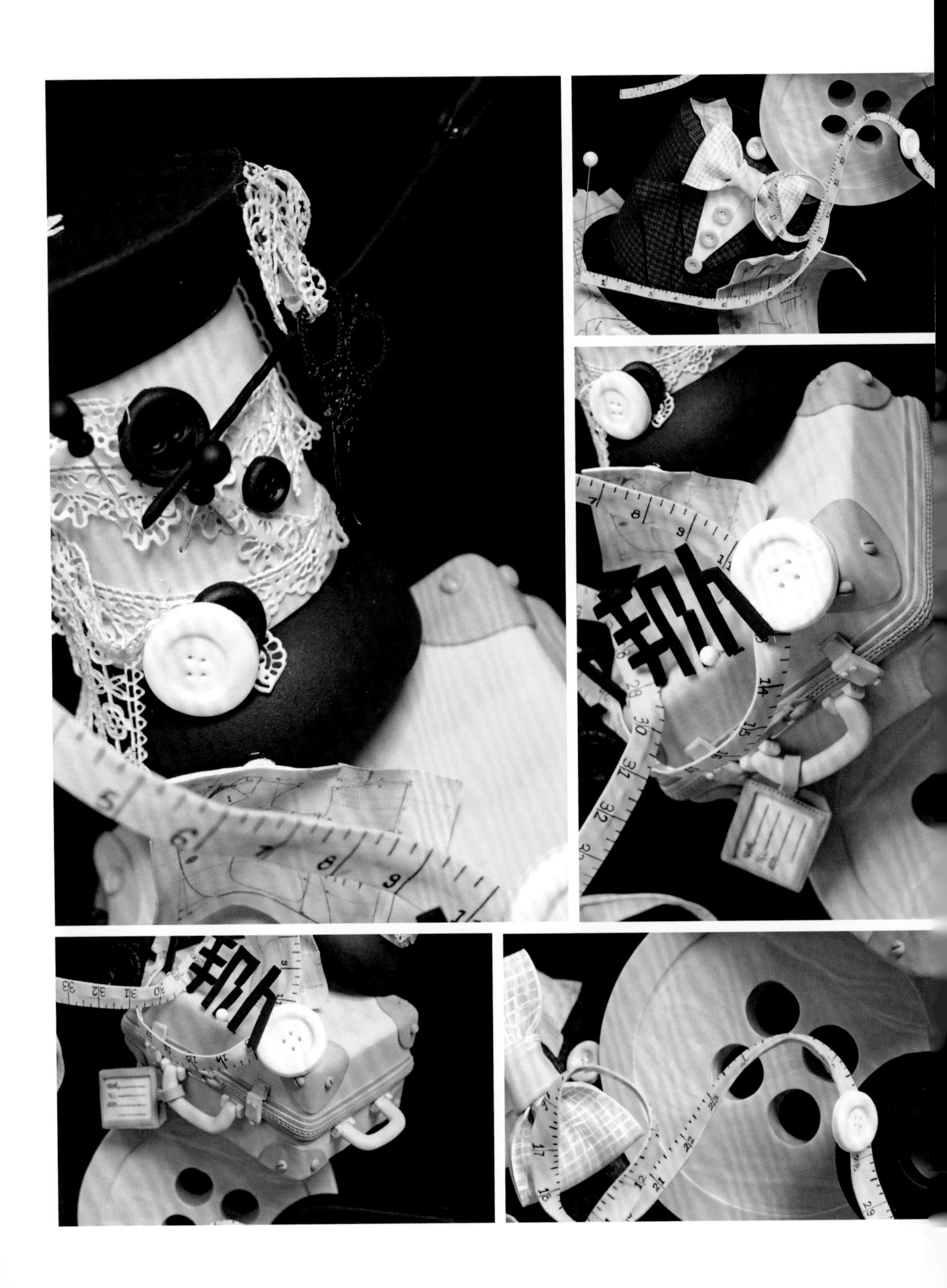

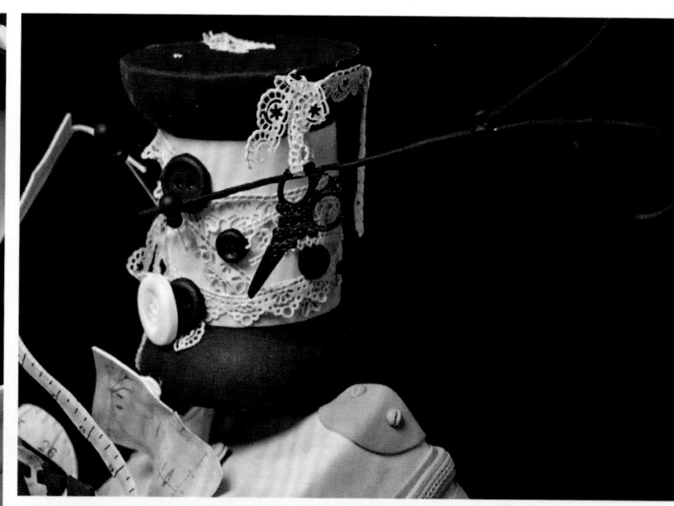

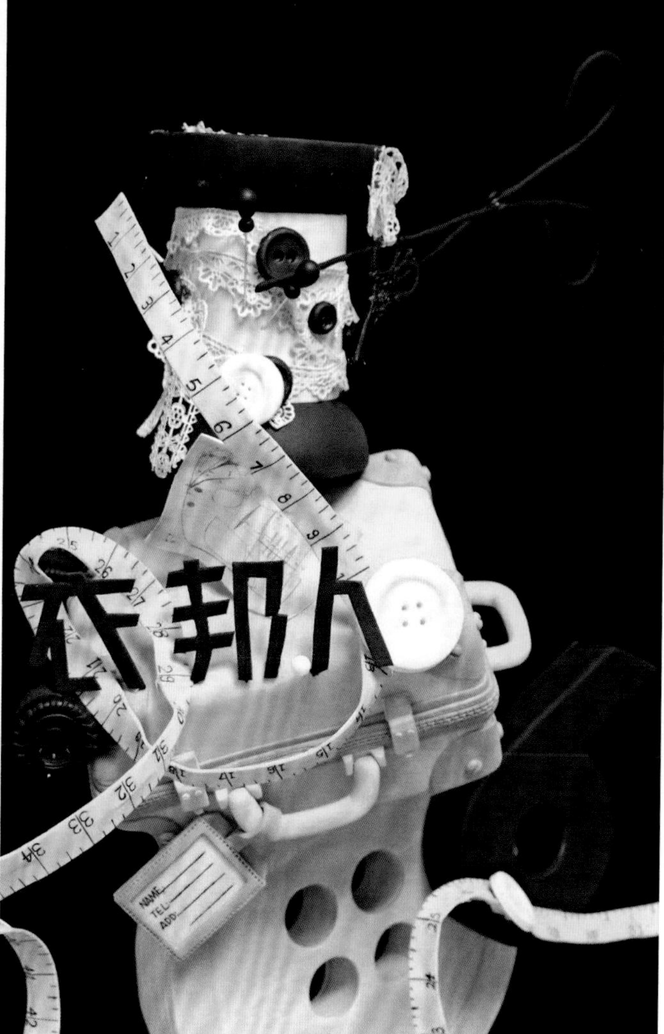
NAME
TEL
ADD

莫尔乐园主题蛋糕
张紫宁生日蛋糕设计

这是为“火箭少女101”组合的张紫宁设计的生日蛋糕，后援会的要求简明扼要，根据张紫宁的新专辑《莫尔乐园》来设计蛋糕，营造出一个少女梦幻的游乐场。

蛋糕的整体设计力求创造一个属于张紫宁的梦幻乐园，色彩使用了少女感的粉红、粉蓝、粉紫和小熊的暖棕色。蛋糕构造选取了城堡、热气球、糖果这些可爱的元素，底层采用了旋转木马的结构，但是把充满华丽感的木马换成了可爱感的糖果，与此同时用气球代替云朵来打造乐园的梦幻效果。

卡通形象的张紫宁穿着小熊衣服拉着气球站在蛋糕上，身上的衣服和这个蛋糕结构中最有趣的、横躺着的大熊相呼应。顶部是被两个热气球拉起来的城堡，大大小小的音符散落在蛋糕的各个部分。Winnie和Happy Birthday的字体都选择了可爱的花体字来配合蛋糕的整体氛围。一座充满少女感的梦幻乐园就这样诞生啦。

SissiCake 上海站出品

more
WINNIE
Happy birthday

HAPPY

MORO
MORO

地月航行主题蛋糕
喻言生日蛋糕
设计

SissiCake 上海站出品

这是为女子演唱组合“THE9”成员喻言设计的生日蛋糕，艺人在采访中描绘过自己心中的虚实之城：有各种各样奇形怪状的绿色植物，像小狗小猫一样的花，有飞在天上的鲨鱼，有在地上跑的老鹰。想给所有小动物吃饼干、冰激凌、软糖，还要有很多很多的阳光。

以上就是我们设计这个蛋糕的灵感来源了。

蛋糕整体采用了喻言全国粉丝后援会的应援色黄和绿，呈现出温馨浪漫的氛围，四个可爱版造型形象是后援会提供的，分别是出道后第一次登上舞台、杂志创刊和首次独立登上舞台的两个造型。

蛋糕的整体设计打造了一个想象中的童话王国，我们设计出了像小狗小猫一样的花，飞在天上的鲨鱼，卡通高迪风格的房子，这里遍地是糖果与饼干，充满了脱离真实的奇思妙想。

本书最后一个案例就以后援会的文字来结尾吧：你的理想国，也是我们的理想国。

的确如此，我们设计的每一个蛋糕，都承载着满满的期待与爱，每一个细节，都是来回推敲的祝福。能够有机会把这份真挚的情感用蛋糕设计的方式表达出来，我们的确在做着世界上最幸福的工作。

HAPPY
DAY!

附录 1
甜品台的制作技巧与课程选择

制作一个甜品台需要具备哪些技能？这或许是很多还没有接触过甜品台的同学的疑问。那些让人眼花缭乱的甜品台一个人可以制作出来吗？看起来非常复杂的技巧多久可以掌握呢？

接下来就讲解制作一个甜品台所需要的常用技巧，哪些适合常规商业订单，可以方便快捷地生产制作，以节省时间成本。哪些适合高端定制，需要花费较多时间，以凸显品牌形象。

一、基础技巧

1. 翻糖蛋糕技巧

用糖皮覆盖，使用模具，再加上一些基础技巧，就可以完成大部分常规翻糖蛋糕的制作。

2. 简易糖花技巧

最常用的威化纸花可以做简易玫瑰、简易牡丹，掌握这个技巧即可完成商业订单中的糖花装饰。

3. 卡通造型技巧

卡通捏塑技巧，适合宝宝宴及卡通主题。

根据我们多年的经验来看，基础技巧完全可以帮助大家完成大部分的蛋糕订单，而这样的蛋糕订单占业务总数量的80%以上。

用基础技巧可以完成的蛋糕

二、高级翻糖技巧

有些技巧性价比不高，大部分的蛋糕制作不会用到，但如果想要打造甜品台的亮点，提高手工价值，定位高端的品牌形象，增加市场竞争力，可使用以下技巧。

1. 高级糖花技巧

高级糖花可以提升甜品台的质感与格调，是非常重要的细节部分，复杂的糖花种类与精细的技巧能迅速提高价格档次，也是提高价格的标准之一。

2. 糖霜饼干使用技巧

糖霜饼干在甜品台上不需要很多，用一两块作为亮点即可，放在中心位置，尽量突出故事性、主题性和定制性，也可以作为细节上的亮点。

3. 人偶造型技巧

高级人偶在甜品台上的出镜率比较低，但如果能很好地结合设计的主题性，则会成为极具竞争力的炫技之处，也会大大提高作品的售价。它的制作时间和惊艳效果成正比，需要长时间的练习与打磨，才能制作出满意的作品。

总的来说，这部分提到的全部技巧，都是建立在商业订单的基础上，要在尊重市场规律的前提下，在提高行业竞争力的基础上更加科学地学习和练习蛋糕制作技巧，在艺术与商业之间找到平衡，在时间成本和视觉效果之间找到平衡。但是要注意性价比和追求极致是天平的两端，都有自己的理由和立场，没有高下之分，希望大家都能找到适合自己的平衡点。

附录 2
如何给甜品台定价

很多同学在刚进入市场时都有一个很大的疑惑，就是如何给甜品台定价。作为老师，没办法直接给出一个模板，因为甜品台没有统一的定价，不同城市，定位不同，都会有很大的差别，接下来我会告诉大家关于定价的规则，授人以鱼，不如授人以渔。

1. 结合市场需求

价格必然是需要面向市场的，定价是否被消费者认可，是判断定价是否成功的唯一标准。一般来说，我们的客户分为两种，渠道客户，如婚礼公司；直接客户，如婚礼新人。

渠道客户意味着稳定的合作关系，即不直接接触新人，由合作的婚礼公司介绍订单。在这种情况下，我们的直属客户是婚礼公司，因此我们需要了解的是婚礼公司的需求。

在制定价格表之前，拜访想要合作的主要婚礼公司，了解他们最常使用的甜品台的价格，是渠道合作最合理的定价方式。如果想要了解直接客户的需求，可以参考同一地区同行的价格。

不同地区的文化风俗、人口构成、经济发展水平，都决定了甜品台的定价会有巨大的差别，只有深入每个地区的市场，了解真实的客户需求，才能确定合理的定价。

2. 明确市场定位

除地域差异外，第二个影响价格的因素是品牌的定位。是走高端定制的路线，还是走高性价比的路线，影响了价格的区间。设计元素多、手工耗时长的产品应该以更高的价格售卖，但这需要建立在扎实的作品基础之上，这种产品单量小，利润空间大。模板化、重复多、创新少的产品应该以极具性价比的价格售卖，通过销量的累积来获利。

3. 价目表制作

确定价格后，如何制作出合适的价目表也是大家需要注意的地方。价目表是宣传品牌形象的窗口，也是客户认识我们的一种渠道，因此价目表除了有标明价格的作用，更重要的是展现品牌的实力与优势，生动的图片与文字介绍才能让客户在最短的时间内被打动，进而购买产品。

甜品台需要按照套餐分级定价，避免单项标价。甜品台售卖的是整体的设计，其次才是具体的产品，单项标价反而模糊了甜品台的整体性，增加了沟通成本。